글쓴 이 **나우천**

펴낸 날 **2022년 5월 10일 1판 1쇄**

펴낸 곳 **비온후** www.beonwhobook.com

　　　　부산시 수영구 망미번영로 63번길 16

　　　　출판등록 2000년 4월 28일 제 2018-000013호

펴낸 이 **김철진**

978-89-90969-48-4 03540

책값 18,000원

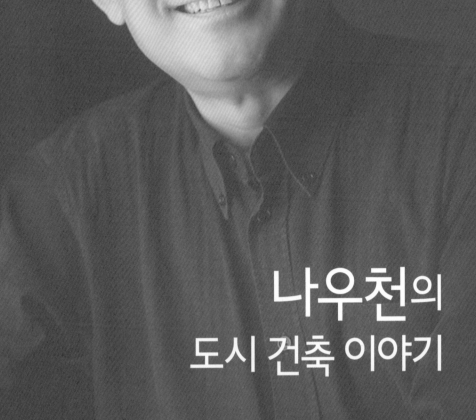

나우천의
도시 건축 이야기

세계 도시 건축의 미래는?
"골목이 답이다!"

약 10여 년 전 봄기운이 막 퍼지기 시작한 때, 어릴 적부터 친하게 지내던 죽마고우 부부 네 커플이 미얀마로 여행을 떠나게 되었다. 그때는 아직 미얀마라는 나라가 국제사회에 개방된 지 얼마 되지 않은 시점이라 수도인 양곤 시내에 외국 관광객이 와서 묵을 만한 변변한 호텔조차 거의 없을 시기였었다.

북쪽 호숫가에 자리 잡고 있던, 구 러시아인들이 개발했다는 오래된 호텔방에서 도마뱀과 함께 며칠을 같이 보내면서 황금 외벽으로 번쩍이는 쉐다곤 사원 Shwedagon Pagoda 을 둘러보았다.

압도적인 위엄과 아름다운 모습의 사원에서 각자의 소원을 빌면서 정성스럽게 사원 벽과 불상에 금박을 붙이는 충성스러운 성도들이, 참배가 끝난 후 사원의 그늘 아래에서 남녀노소가 두 다리를 쭉 뻗고는 삼삼오오 싸서 갖고 온 몽키 바나나를 나눠 들며 담소를 나누며 쉬는 모습을 보았다. 근엄한 분위기에서 교회를 섬기며 생활하고, 항상 엄숙하고 고즈넉한 분위기의 산사들만 보아온 나에게는 특이한 광경이 아닐 수 없었다. 황금빛 찬란한 사원의 마룻바닥은 숭고한 의식을 치르는 종교적 장소의 의미를 넘어서, 삶의 무게에 지친

미얀마 양곤 쉐다곤 사원 ⓒgettyimagesbank

시민들이 먹고 마시며 휴식하는, 그러면서 세상 돌아가는 정보와 지혜를 교류
하는 도심 생활의 중심적인 역할을 하는, 도심지Urban Center의 전형이었다.

그 후 우리는 북쪽으로 가는 프로펠러 비행기를 타고서 고대도시 바간Bagan을 여행하였다. 왕국이 세워지고 온 나라가 불탑을 세우느라 1년 365일을 밤낮으로 고생하였을 것 같은, 수천 수백 개의 크고 작은 불탑의 유적들이 한 지역을 메우고 있었다. 형언할 수 없을 정도로 아름다웠다. 같이 돌아보던 친구가 불쑥 말을 던졌다.

"어이 나 소장, 수백 년에서 수천 년도 더 되는 옛날에 지어진 이 불탑들보다 더 아름답고 위엄 있는 고층 건물들이 왜 우리가 사는 요즘의 대한민국에는 없는 거야? 요즘 우리나라 건축가들은 뭘 하고 있는 거야?"

친구의 지적이 야속하기도 하고 속으로 열불도 났지만, 별다른 답을 할 수가 없었다. 그다지 틀리지 않은 말이기도 했기 때문이다.

미얀마 바간 ©gettyimagesbank

2021년 초 어느 날이었다. 정치적인 스캔들로 서울과 부산의 시장을 새로 뽑는 재보선의 열기로 가득했다. 부동산 문제가 연일 터져 나오는 가운데 집권당 쪽 어느 유명한 정치인의 충격적인 발언이 문제가 되었다.

"서울은 천박한 도시, 부산은 초라한 도시……."

당초 의도한 바가 어찌 되었든 왜곡된 부동산시장의 결과로서 오해의 소지가 많은 황당한 발언이었다. 한편으로는 말도 안 되는 이야기라고 강력히 부인을 할 수도 없는 나의 생각이 당황스럽게 느껴졌다. 평생 건축가로서 엘리트의 길을 걸어왔다고 자부하는 나의 자존심이 뒤통수를 한 대 맞은 듯하였다.

그래, 누구를 원망하고 비난하겠는가? 나름 세계 구석구석을 누비고 배우고 경험하면서, 내가 꿈꾸어 왔던 아름다운 미래도시에 관한 이야기들을 정리해 보자는 일종의 의무감 같은 것이 생겨나기 시작하였다.

특히 어려운 상황 속에 놓인 젊은이들에게 조금이라도 위로와 도움이 될 수도 있다면, 이 또한 큰 의미가 아닌가 하는 생각이 들었다.

이제 육십을 넘긴 지도 몇 해가 되는 이 시점에 나는 과감히 외치고 싶다.

"그라믄 뭘 우째야 되냐고? 마, 골목이 답이다. 골목이!"

도심 생활 중심에 있는 사원Urban Center Temple 이야기에서 갑자기 왜 골목이 튀어 나오느냐고? 아직도 골목 벽에 페인트를 칠해서 환경 재생 하자는 색 바랜 이야기를 하려고? 조금은 쑥스럽지만, 이제껏 내가 살아온 이야기를 슬슬 하면서 그 황당한 논리의 비약을 설파 해보고자 한다.

매일 아침 붉은 태양을 떠밀어 올리는 해운대 청사포 앞 파도가 "맞심다, 맞고요!"하고 응원의 박수를 쳐주는 것 같다.

2021년 5월

해운대 달맞이 언덕에서

우리에게
도시 건축이란
무엇인가?

도시의 형성

인류는 시작부터 공동체를 이루고 살아온 것으로 보인다. 원시 수렵사회부터 효율적인 방어와 생산을 위하여 모여 살았고, 그러한 환경 속에서 종족을 번식하고 보존해왔다. 참혹한 빙하기를 거쳐 기독교적으로는 노아의 홍수를 겪고 난 뒤 꾸준히 번성한 인류는 메소포타미아 지역에서부터 고대국가의 면모를 갖춘 것으로 알려져 있다.

성경의 시작처럼 아담과 이브가 하나님이 금한 금단의 열매를 따먹지 않고 원죄를 저지르지 않았다면, 낙원에서 노동할 필요 없이 힘들이지 않고 번성하였을 수도 있었다. 그러나 아담과 이브의 원죄로 인하여 그런 일은 일어나지 않았다. 외부의 위협으로부터 종족의 안녕과 번영을 위하여 모여서 생활하는 집단 거주 생활이 기본이 되었다.

농경사회가 도래하여 정착의 개념이 보편화되면서 집단 거주 사회가

고대메소포타미아유적 ©gettyimagesbank

더욱 일반화되었다. 이집트의 파라오 등과 같이 고대국가는 절대권력을 가진 왕들이 지배하는 국가사회로 발전하였다. 방어의 개념을 넘어서 정복전쟁을 수행하게 되면서 공동체 사회가 필요로 하는 물자들을 탈취하였고, 그들의 공동체는 견고한 성벽을 세움으로써 고대도시의 기원을 이루기 시작하였다. 그 후 그리스 로마 시대 이후 중세시대를 거쳐 오늘날 현대사회에 이르기까지 인류는 집단을 이루어 살아오고 있다. 다만 혈연이나 지연, 이념 등 집단을 이루는 이유에 따라 집단의 목적과 수단, 형태의 변화만 있었을 뿐이다.

'인류의 집단 거주화'라는 묵직한 주제로 얘기를 시작하는 까닭은 오늘날 우리가 살고 있는 도시의 모든 현상과 문제는 사람들이 모여 살아왔고, 앞으로도 모여 살아야 하기 때문에 일어나기 때문이다. 이러한 점을 간과하고서는 도시에 관해 아무런 이야기를 할 수 없다.

영국 솔즈베리 평원의 스톤헨지 ⓒgettyimagesbank

상징물 세우기 Mounment/Object

영국 남부 솔즈베리 평원에 세워진 스톤헨지 사진을 보게 되면 항상 생각하게 된다. 마땅한 도구도 없었을 텐데 무겁고 큰 돌덩어리를 멀리서 날라 와서 높이 들어 올려 힘들게 배치한 이유에 대해서다. 무덤이라는 설, 종교적인 장소라는 설, 심지어 해시계였을 수도 있다는 설까지 다양한 설이 있다. 도무지 알 수 없다. 한 가지 분명한 것은 평평한 대지 위에 물체를 수직으로 우뚝 세워서 하나의 의미를 부여하였다는 점이다.

이집트 문명을 대표하는 피라미드도 동일한 의미를 가진다. 피라미드는 파라오의 무덤으로, 선왕 사후 새로운 파라오가 즉위하면 평생의 사업으로 피라미드를 축조하였다. 이는 단순한 무덤을 넘어서서 영원한 내세로 떠나기 위한 장소의 의미까지 더해졌다. 수천 년이 흐른 지금까

이집트 피라미드 ⓒgettyimagesbank

지 사막 위에 우뚝 서 있는 거대한 축조물은 그 자체로 고대왕국의 역
사이자 위엄이며, 파라오의 영원한 존재를 의미한다.

그리스 시대의 파르테논을 비롯한 여러 신전 건물, 로마 시대의 다양한
건축물과 토목 구조물도 마찬가지이다. 그렇다면 기념비적인 거대한
구조물, 즉 기념물Monument 자체가 도시생활의 기본이었을까 하는 의
문이 생긴다.

장소의 형성 Place

로마에 갈 때마다 다니는 산책 코스가 있다. 보통 콜로세움에서부터 시작하여 포로 로마노를 가로질러 캄피돌리오 언덕 광장을 지난다. 시내로 진입하여 트레비 분수, 판테온, 나보나 광장을 둘러본 뒤 스페인 계단까지 걸어서 온다. 웬만한 로마의 유명 유적지를 커버하는 셈이다. 특히 포로 로마노의 광장들과 옛길들을 거닐 때면 나는 자연스럽게 고대 로마 시대로 돌아간 기분을 느낀다. 고대 로마의 유적에 둘러싸여 만들어진 특별한 의미의 공간, 즉 특정한 장소Place에 몰입되기 때문이다.

개선문을 통하여 들어오는 늠름한 개선장군과 환호하는 시민들, 공동목욕탕 앞에 묘한 시대적 잔상이 남아있다. 현재는 폐허가 되어 관광객의 방문 목적지가 되었지만, 사람들은 카메라 동영상으로는 도저히

로마 판테온 광장 ©gettyimagesbank

포로로마노 Foro-Romano ©gettyimagesbank

로마 스페인 계단 ©gettyimagesbank

담을 수 없는 무언가를 느끼게 된다. 비슷한 감정을 판테온 입구의 광장, 나보나 광장, 산책 코스의 마지막인 스페인 계단에서도 느낀다. 물론 아름다운 돔 천장, 분수대 그리고 성당 건물과 어우러진 계단 등 조금이라도 더 많이 추억을 남기기 위하여 사진을 찍지만, 고대와 현대를 아우르는 도시 속에서 삶의 원천적인 무엇을 느끼기에는 기념비적인 대상물Monumental Object보다는 특별한 의미가 담긴 장소Place가 제격이다.

모여 사는 사람들이 공동체임을 느끼고 연대 의식을 확인하는 곳이 바로 특별한 장소다. 그렇기에 도시 형성의 근간은 대상물Object이 아니라 특별한 의미의 공간, 즉 장소Place라고 강조하고 싶다.

1910년경 동래시장 (부경근대사료연구소 김한근 소장, 공유마당, CC BY)

태국 방콕 담넌 사두억 수산시장 ©gettyimagesbank

일본 교토 니넨자카 ⓒgettyimagesbank

우리 주위를 찬찬히 둘러보자. 선조들의 살아온 발자취를 느끼려면 경복궁과 지배계급 양반들이 거주하던 북촌마을도 좋지만, 아직도 면면히 내려오는 전통시장이나 전통마을과 같이 사람 냄새가 더 진한 곳에서 무엇을 느낄 수가 있는 것이다.

세계 어디나 마찬가지라고 생각된다. 중동지방의 전통시장인 수크Souk, 방콕 물길 위의 수상보트시장, 교토의 명소 기요미즈데라清水寺 입구에서 언덕 아래로 이어지는 니넨자카二寧坂와 산넨자카産寧坂 골목 등이 그와 같은 예다.

나는 오늘까지 살아온, 또 내일을 살아갈 한 사람의 도시 건축가로서, 세계의 도시들을 이러한 관점에서 둘러보고 미래의 도시에 관한 비전을 생각해보려고 한다.

글로벌 도시들이 주는
인상, 추억

나는 젊은 시절 미국 유학생활을 비롯하여 미국의 여러 도시에서 건축가가 되기 위한 수련 과정을 거쳤다. 또한 건축가라는 직업적인 특성으로 세계의 여러 도시에 방문할 기회가 많았는데, 가는 곳마다 그 도시의 상징적인 기념물Monument 너머의, 사람들의 살아가는 모습을 통하여 그 도시의 특성, 즉 도시민의 도시생활의 근원을 보려고 노력하였다.

글로벌 도시 중 가장 많은 이야기와 희로애락의 여러 감정을 담고 있는 곳은 '뉴욕'이 으뜸이라고 생각한다. 길지 않은 역사지만, 경제적·문화적·정치적으로 세계 인류의 활동 중심지Activity Center라 하여도 손색이 없다. 뉴욕은 한 때 마천루의 상징 같은 도시였다. 엠파이어 스테이트 빌딩이 세계에서 최고로 높은 빌딩 자리를 꽤 오래 차지한 이후 세계무역센터 빌딩이 한 때 그 자리를 차지하였다. 하지만 세계무역센터 빌딩은 20년 전 끔찍한 9·11 테러 사건으로 무너져 내린 뒤 높이 경쟁에서 거론조차 되지 않는다.

뉴욕을 뉴욕답게 만든 것이 과연 무엇인가?

첫째로 나는 센트럴파크라고 주저 없이 답하고 싶다. 뉴욕은 맨해튼이라는 반도 끄트머리에 온 세계에서 별의별 사람들이 다 모여들어 그야말로 지지고 볶으며 살아가고 있는데, 그들 모두에게 숨 쉴 공간인 센트럴파크가 없었다면 그 큰 에너지가 축적되어 어디로 분출되고 폭발할까? 상상만 해도 아찔하다. 새벽에 애견을 끌고 나와 산책하는 사람들부터 넓은 잔디밭에 누워 뒹구는 젊은이들까지, 센트럴파크는 뉴욕의 오늘을 있게 한 단연 최고의 수훈감이다.

미국 뉴욕 센트럴파크 ©gettyimagesbank

미국 뉴욕 센트럴파크 ⓒgettyimagesbank

다음으로 브로드웨이, 타임스퀘어로 대변되는, 사람들로 넘치는 거리의 모습이 뉴욕을 뉴욕스럽게 만드는 또 하나의 강력한 요소라고 말하고 싶다. 강렬한 그리드 형태의 가로 구조에서 약간 일탈하여 그어진 브로드웨이가 만든 코너가 아주 일품이며, 그 중심에 타임스퀘어가 있다. 거리 구석구석을 채우는 뮤지컬 극장을 비롯하여 세계에서 모여든 사람들이 먹고 마시고 쇼핑하고 즐기는 수백 가지의 행위Activities를 만들어 내는 모든 곳이 뉴욕을 뉴욕답게 만든다. 또한 뉴욕은 온 시내를 걸어서 웬만한 곳에 다다를 수 있는데, 뉴욕의 길은 보행자들이 지루하지 않고 무한한 에너지를 발생시킬 수 있도록 자극시킨다. 물론 오래된 지하철이 시민들을 이곳저곳으로 실어 나르기도 한다.

미국 뉴욕 타임스퀘어 ©gettyimagesbank

예전보다는 많이 나아졌지만 위험한 상황도 많이 존재한다. 그렇기 때문에 건장한 보안 요원들이 색안경을 끼고 지키고 있는 5번가에 즐비한 명품점도 도시의 위화감을 조성하는 것처럼 느껴지지 않는다. 오히려 비싼 5번가에 접한 땅 한 조각을 희생하여 만든 록펠러센터 앞 광장에는 겨울철이면 설치되는 크리스마스트리와 작은 스케이트장을 보려고 인산인해를 이룬다.

그밖에도 여러 가지 뉴욕의 영예를 높이는 이유가 여럿 있겠지만 세심히 살펴보면 빌딩이나 구조물 그 자체보다도 특별한 장소와 그 장소에서 일어나는 행위들이 이 도시를 활력 있게 만드는 주요 요소임을 발견하게 된다.

영국 런던 빅벤 ⓒgettyimagesbank

한때 해가 지지 않는 나라 영국의 수도인 런던도 마찬가지다. 국회의사당, 빅벤, 런던 브릿지 등 배경으로 사진을 찍어야 할 것들이 수도 없이 많다. 하이드파크를 중심으로 이어지는 켄싱턴 거리, 트래펄가 광장 등 수많은 명소들이 런던의 도시 품격을 높여준다.

낭만의 도시 파리도 예외일 수는 없다. 『나는 빠리의 택시운전사』로 유명한 홍세화 선생은 저서에서 대부분의 관광객이 엉덩이로 파리를 보고 다닌다는 것, 즉 명물을 배경으로 사진 찍기에 급급하다는 것을 풍자하고 있다. 그러나 뮤지컬 '레미제라블'을 보고 감동 받았다면 생 제르맹 거리와 소르본 대학 주변을 걸어보지 않고서는 파리의 아름다움을 얘기할 수 없다고 생각한다. 특히 안개가 자욱이 낀 가로등 아래 새벽 골목길을 걷지 않고서는, 그러다 새벽 일찍 구워낸 바게트와 카페올

프랑스 파리 소르본 대학 주변 ©gettyimagesbank

레를 마셔보지 않았다면 더욱더 그렇다.

물론 반대의 경우도 존재한다. 중동의 사막 한가운데 보석이 빛나듯 번쩍이는 초고층 빌딩 사이를 아무리 다녀보아도 아라비아 특유의 향기를 느낄 수 있는 곳을 찾기 힘들다. 페르시아 상인들이 들어와서 교역하던 장터 수크Souk와 그것을 모티브로 만들어놓은 전통 쇼핑몰에 가야 두바이 특유의 향기를 조금 느낄 수 있다.

그렇다. 우리가 사는 도시는 오랜 시간 동안의 경험과 기억, 감정이 겹겹이 쌓이고 쌓여서 만들어 내는 이야기 한 마당이다. 그 이야기의 축적이 현대를 살아나가고 미래를 살아가야 하는 사람들에게 녹아들어 새롭고 즐거운 기억을 만들어낼 수 있을 때 우리는 그 도시를 진정으로 아름다운 도시라고 말할 수 있을 것이다.

한국 도시의
오늘날

최근 오랫동안 해외를 많이 다니는 사람들이 공통적으로 말한다. 우리
나라 도시들이 세계 어디와 비교해보아도 뒤떨어지지 않을 만큼 많이
좋아졌다고 말이다. 그러나 계속해서 이곳에서 삶을 영위하고 있는 사
람들은 아직도 무언가 부족함이 많다고 느낀다.

그렇다면 오늘날 우리가 살고 있는 대한민국의 도시들은 어떤 모습을
하고 있을까? 어떤 부족한 모습들이 개선되어야 아름다운 도시로 발전
할 수 있을까? 도시를 보는 관점은 매우 다양하며, 어느 것이 맞고 틀
리는 문제가 전혀 아니라는 사실을 우리는 잊지 말아야 한다. 우리가
살아가고 있는 시민사회는 자유민주주의를 추구하기에 구성원 개개인
의 취향과 의사는 지극히 존중되어야 한다. 따라서 개개인이 무엇을 좋
아하고 싫어하는지, 즉 개인의 호불호가 도시와 건축, 인테리어 디자인

서울 도시 전경 ⓒgettyimagesbank

부산 해운대 전경 ⓒ한국관광공사

의 핵심이다.

그러나 전제하였듯이 도시는 개성이 다양한 사람들이 모여서 사는 공동체라는 사실에 주목해야 한다. 가장 이상적인 도시의 모습이 갖가지 야채와 소스들이 개성을 잃지 않고 커다란 그릇에 담긴 샐러드 볼Salad Bowl이라고 가정하고, 앞서 서술한 관점에서 우리가 속해있는 도시들을 한번 들여다보고자 한다. 책 서문에서 언급하였듯이 왜 많은 사람들이 서울, 부산 등 우리나라 도시에서 그다지 아름답다는 기억을 갖고 있지 못한 지 그 이유를 생각해본다.

최대용적, 최대이익

인간에게서 욕망을 제거하면 세상은 어떻게 될까?

대답할 필요도 없이 인간사회의 활력이 사라져버릴 것이다. 1980년대 말, 구소련과 동구권의 사회에서 보았듯이 개개인의 욕망을 인정하지 않은 사회는 무기력하고 핏기 없는 사회로 끝을 보았다. 도시 또한 마찬가지다. 그러나 오늘날 우리 사회는 불행하게도 욕망의 과잉에 몸살을 앓고 있다. 도시는 한없이 팽창하고, 사람들은 삶의 순수한 가치와는 무관하게 더 크고 비싼 것, 더 좋은 것을 추구하기에 끝이 없다. 도시 건축에서 '최대용적 최대이익'은 모든 질적 가치의 척도가 되어버렸다. 대규모 재건축이나 새로운 단지를 개발할 때 최대용적 최대이익을 보장하는 설계안은 그자체로 아름다운 것으로 추앙된다. 어디라고 특정할 필요도 없이 거의 대부분이 그러하다.

교통영향평가와 빌딩 숲

나는 동대문 일대 수많은 의류상가 건물들이 들어선 모습을 보면, 이 많은 빌딩들이 어떻게 교통영향평가를 통과하였는지 의문이 들 때가 많다. 평가과정의 적법성에 의문을 가지는 것이 아니다. 근본적으로 많은 교통량의 생성을 바탕으로 만들어진 기본 도로들이 아닐 텐데 각각의 빌딩들이 발생시키는 엄청난 교통량을 다 흡수하고 해결하는 지 신기하지 않을 수 없다.

원활한 자동차의 진출입을 위하여 완화차선을 제공하다 보니, 각 빌딩을 이용하는 보행자 공간은 더 위축될 수밖에 없다. 한때 빌딩의 입구는 마케팅 효과의 극대화를 노리는 댄스가수들의 공연무대가 되기도 하였다. 빈 공간 없는 광장, 진입 자동차와 보행자들이 뒤엉키는 아슬

의류 상가 건물이 들어선 동대문 일대 전경 ⓒgettyimagesbank

종로타워 뒤편-청진동 골목길의 흔적들

아슬한 상황이 연출되는 결과가 도처에서 발생하고 있다.

도시는 이러한 점에서 엄격한 기준을 갖고서 보행자를 우선시해야 한다. 이미 오래된 의견이지만, 뉴욕처럼 모든 빌딩에 넓은 주차장 마련을 의무화 할 필요는 없다. 자동차 역시 공유 시대를 향하여 가고 있지 않는가? 교통에 관한 제도 자체를 심각히 들여다보아야 할 것이다.

재개발이 빼앗아 간 추억

종로1가 교보빌딩 뒤편에서 종로2가 쪽으로 걷다보면 상전벽해 같은 모습에 놀라움을 넘어서서 무언가 왕창 빼앗긴 것 같은 박탈감에 분노감마저 치솟아 오르게 된다. 피맛골 빈대떡이며 청진동 해장국의 아련한 추억을 무참히 군화발로 짓밟듯이 빼앗긴 느낌이다. 촘촘한 빌딩들 사이에 이곳이 옛날 피맛골이라는 안내판만으로는 박탈감이 보상되지 않는다. 꼭 이렇게 밖에 할 수 없었을까? 이 역시 복잡한 각종 미관·역사·환경 심의를 거쳤을 것이고, 도시를 대하는 이러한 태도와 모습에 부끄러움을 느낀다.

담벼락에 페인트칠하면 도시재생일까?

600년 이상의 역사를 가진 도시 서울은 군데군데 축적된 스토리를 가진 곳이 많다. 그러나 우리나라 전통건축의 기본자재가 목조이다 보니 오랜 세월을 견디기 어려워서 지금까지 남아있는 것이 드물다. 하지만 다행스럽게도 동네 전체의 형태와 구조는 남아 있어서 우리에게 옛 향수를 불러일으키는 곳이 여전히 존재한다.

문제는 부실한 건축자재와 시공으로 오랜 세월의 풍파를 더 이상 견디지 못하고 상하수도와 전기공급 사정마저 열악하여 수명이 거의 다 했지만, 도시재생 열풍 속에 담벼락에 페인트칠을 한 뒤 겉보기에 보존되고 있는 것처럼 위장한다는 점이다. 그 속에 살고 있는 주민들은 주민대로 더 이상 열악한 환경을 견딜 수 없다는 아우성이다.

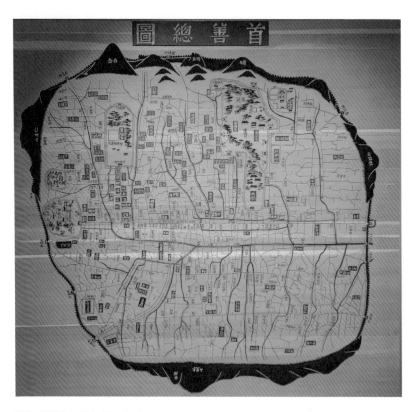

공평도시유적지 전시관의 서울 고지도 ©gettyimagesbank

북촌 한옥마을 ⓒgettyimagesbank

마을을 보존해야 할 필요가 있을 때 가장 먼저 해야 할 일은 눈에 보이지 않는 인프라의 업그레이드다. 그곳에서 삶을 지속해야 하는 사람들의 삶의 질이 실질적으로 향상되어야 한다. 그리고 실제 빌딩들은 그때그때의 필요에 따라 리모델링하거나 개축해야 한다.

시 당국에서는 부족한 주차 시설을 마을 공동 주차장 등으로 해결하여야 제대로 된 도시재생이 가능하게 된다. 지역에서 제대로 된 도시재생 작업이 진행될 때 도시는 더 아름다워지고 찾는 이들도 즐거워지는 것이다.

빌딩 틈새도 오픈 스페이스?

금싸라기보다도 훨씬 더 비싼 땅에 건물을 짓다 보니 별의별 묘수가
다 나올 수밖에 없다. 허용되는 건폐율에 빽빽하게 건물을 앉힌 뒤 나
머지 공간에 보행자와 자동차 진출입 공간을 주고 나면, 조경은 대부분
나무들이 햇볕을 쬐든지 말든지 상관없이 남아있는 자투리 공간에서
해결할 수밖에 없다.

대규모 개발에서도 비슷한 현상이다. 보통의 경우 공적인 목적으로
쓸 수 있는 대지를 많이 기부채납 할수록 건물의 용적률과 높이 제한
에서 인센티브를 허용한다. 문제는 전체 부지의 활용에 있다. 개발자
Developer의 제일 목적인 용적과 높이를 확보한 이후 약속한 공공목적의
부지를 잘 활용하여야 멋있고 활기찬 단지가 계획이 되는데, 그저 규
정에 맞추기에 바쁘다. 심지어 그 목적으로 조성한 공간에 일반 대중은
접근조차 하지 못하도록 교묘히 배치를 조정하는 경우도 허다하다.

어느 특정 단체나 기관을 나무라기에도 지쳤다. 언제 공공성이 확보되
어 일반 시민들에게도 사랑받고, 단지 입주민도 자부심을 느끼는, 한
단계 높은 수준의 도시를 언제, 어떻게 가질 수 있을지 모를 일이다.

오사카 난바파크 옥상정원 ©gettyimagesbank

가슴과 발로 경험한 아름다운 도시 만들기

누구나 자기가 살고 있는 도시에 관해 이야기할 권리와 자유가 있다. 모두가 온갖 애증이 뒤범벅되어 온 삶의 터, 도시 공간을 사랑하기 때문일 것이다. 많은 전문가들이 도시의 문제를 분석하고 해결의 방향에 대해 의견들을 제시한다. 대부분이 지극히 당연하고 이치에 맞는 이야기라서 그 말을 따르면 금방이라도 문제가 개선될 것 같다. 그러나 우리는 도시의 한 부분을 개선하거나 외곽 빈터에 신도시 스케일의 단지를 직접 조성하면서 보고 듣고 체험하고 실제로 진행한 이야기를 듣는 것에 목말라 있다.

돌이켜 보니 건축·도시 설계 분야에서 공부하고 실제 업무 현장에서 뒹굴어 온 지도 40여 년이 넘게 흘렀다. 국내는 물론, 중동 사막에서부터 중국, 동남아시아 그리고 미국 본토에서 러시아 체첸까지 발로 뛰어

다니고 가슴으로 느끼면서 이루려고 애써왔던 나의 인생 이야기를 바탕으로 세계를 누빌 후손들에게 하나의 참고자료를 남겨야 할 필요성을 느꼈다.

건축 분야에서 평생 커리어를 쌓아온 나 자신이 어떻게 도시의 이슈에 눈을 뜨고, 그 해결방법을 배웠는지, 나에게 주어진 캔버스 위에는 어떠한 그림을 그려서 세계무대에서 활동했는지, 살면서 경험한 순서대로 기술하고자 한다. 아름다운 도시를 우리 세대에서 완벽하게 만들기는 어렵겠지만, 이 책을 통해 그 계기가 되는 좌표만이라도 확실히 보여줄 수 있었으면 한다.

목표는? 바로 "어떻게 아름다운 도시를 만들 것인가?"이다.

도시에
눈을 뜨게 되는
건축가 되기

요람에서 대학까지

나는 1958년 3월, 경상북도 대구시에서 태어났다. 지방 국립대에서 물리학 교수를 하셨던 아버지와 여고시절 톨스토이와 도스토옙스키의 소설들을 외우다시피 읽으셨다는 문학적 감수성이 풍부한 어머니 사이에서 2남 2녀 중 막내로 태어났다. 내가 태어난 날 새벽에 산파를 부르러 뛰어가는 아버지의 모습을 보고 동네 이웃들이 그렇게 좋냐며 다 같이 축하해주셨다고 한다. 개나리꽃이 피기 시작하는 나의 생일날이 오면 어머니께서 손수 사라다빵을 만들어 주셨는데, 요즈음도 그 맛을 잊지 못하여 옛날 사라다빵을 만들어 파는 빵 가게에서 가끔 사 먹는다.

대구에서 일어난 삼일만세운동에 주역으로 가담한 연유로 일제 치하 내내 힘들게 가정을 꾸려 오셨던 할아버지와 삼촌, 고모까지 합하여 열

어머님과 함께

식구가 50평 대지의 자그마한 한옥에서 오손도손 살았다. 항상 북적
거리는 집안에서 정신없이 자라다 보니 '외톨박이 시절'이라는 단어는
내 사전에 없었다. 대식구의 가장이었던 아버지께서는 힘이 드셨을 법
도 한데 선천적으로 명랑하고 낙천적인 기질을 갖고 계셔서, 강의와 연
구실에서의 일정이 끝나면 항상 동료 교수님들과 생맥주 한잔을 하시
고, 특별한 날은 빙그레 아이스크림 한 박스를 사서 콧노래를 부르며
대문을 들어오셨다.

부모님의 교육열은 누구에게도 지지 않을 만큼 높으셔서 4형제 모두
사범대 부속국민학교에 입학을 시키셨다. 국민학교는 한 학년이 세 반
으로, 졸업할 무렵이면 학년 전체의 아이들이 한 번 이상 같은 반이 되
어 서로의 친밀도가 아주 높았다. 육십이 넘은 지금도 일 년에 한두 번
만나서 너스레를 떨고는 한다. 요즘 같으면 상류층의 특수초등학교로
분류되어 세간의 눈초리가 매서웠을지도 모르지만, 당시의 나는 좋은
환경에서 천진난만하게 배우고 놀면서 자라났다. 지금 생각해보면 그
당시 대구 지역에서 나름대로 유복한 집안의 자녀들이 많이 다녔던 것
같다.

특히 음악, 미술 등 예능 교육을 많이 받았는데, 어린아이들이 방과 후
예체능 학원에 끌려다니는 분위기는 아니었지만, 종종 수업이 끝나고
그림 그리는 연습을 하느라 꽤 늦게까지 시간을 보내곤 하였다. 음악
시간에도 각종 악기 연습을 많이 할 수 있었는데, 5학년 학기 말쯤 개
인 악기연주를 하는 일종의 학예 평가회가 있었다. 송창식, 윤형주의

청바지 통기타 문화가 전국을 휩쓸 때였는데, 통기타를 들고 노래를 부르던 6년 위의 맏이 형님 옆에서 꿀밤을 맞아가며 기타 치는 법을 배웠다. 나는 학교에서 열린 학예 평가회에 통기타를 들고 가서 노래를 불러 선생님과 학우를 모두 놀라게 만든 일도 있었다.

나의 어린 리즈 시절은 5학년 여름철 소년한국일보 전국미술대회에서 최고상을 수상하여, 어머니와 함께 특급열차를 타고서 장충체육관으로 상을 타러 갔던 때다. 대구에서 올라온 시누이와 조카를 데리고 시상식장과 이곳저곳 서울 구경을 시켜 주시던 훤칠한 키의 미녀 외숙모님이 그 당시 종로 네거리에 있었던 화신 어린이 백화점에서 최고급 문화 연필 여러 다스에 '나우천 소년한국미술대회 최고상 수상 기념'이라고 번쩍번쩍 빛나는 금박문구를 새겨 넣어 선물해주셨다. 대구로 돌아와 학교 친구들에게 연필 한 자루씩 돌리고 우쭐했던 기억이 난다. 그 시절에는 소년조선일보와 소년한국일보에서 주최하는 두 개의 전국 규모 미술대회가 있었다. 경북대학교 캠퍼스에서 풍경화를 그리게 되었는데, 항상 나를 데리고 다니셨던 막내 삼촌의 도움으로 본관 건물이 잘 보이는 곳에 자리를 잡았다. 소년조선대회가 몇 주 일찍 열렸고, 나는 본관과 주위 풍경을 투명 수채화로 그려서 제출하였다. 몇 주 후에 열린 소년한국 대회에서도 같은 장소에서 같은 풍경을 그렸는데, 나를 데리고 오신 삼촌이 이번엔 불투명 수채화로 좀 강력한 효과가 나게 그려보는 게 어떻겠냐고 하셔서 그렇게 했었다. 결과는 투명 수채화는 입선에도 끼지 못하고, 불투명 수채화는 최고상을 받게 되었다.

어린 마음에 무엇인지는 잘 모르겠지만 세상이 돌아가는 양상과 이치 같은 것을 느꼈었다. 철모르는 어린 화백이었지만 나는 투명 수채화를 그리는 것을 좋아했었다. 그러나 수백 수천 장의 그림을 바닥에 놓고 우열을 가려야 하는 심사위원의 막대기가 어디로 갈 것인지는 자명한 일인지도 모른다. 작가의 의지와 세상의 평가는 다를 때가 많다는 것을 어렴풋이 깨닫게 되었다. (이는 이 세상에 예술이 존재한 이래 풀리지 않는 예술가의 딜레마이다. 빈센트 반 고흐도 살아생전에는 한 작품도 돈 받고 그림을 판 적이 없었으니까……)

정든 친구, 선생님들과 뿔뿔이 헤어져서 빡빡머리에 검은색 교복을 입고 중학교에 진학하였다. 우리보다 몇 년 위의 세대는 입시가 치열하였으나, 우리 때에는 제도가 바뀌어 평준화 또뽑기로 중학교를 선택하게 되었다. 신흥 명문 중학교가 되기 위한 학교의 노력은 처절했고, 일류 고등학교에 많이 진학시키기 위하여 만든 특설반의 담임선생님은 정말 피를 말리는 헌신적인 노력을 하셨다. 덕분에 내가 다니던 중학교는 당시 지역의 명문고등학교인 경북고등학교에 최다 합격생을 배출함으로써 일약 신흥 명문 중학교가 되었다. 그러나 입시교육에 치중하다 보니 자연적으로 음악, 미술 등 예능 교육은 상대적으로 약할 수밖에 없었다. 투명, 불투명 수채화로 고민하던 녀석이 중학교 첫 미술 시간에 크레파스로 그림을 그리게 되었는데, '크레파스를 졸업한 지가 언제 적 일인데………'라고 생각하며 실망하기도 했다.

1970년대 초, 세상을 떠들썩하게 만들었던 대구 지역 고교입시 부정사

70년대 교련복에 통기타-추억이 되었다.

건으로 한 달 사이 두 번씩이나 입학시험을 쳐서 고등학교에 진학하였다. 국민학교 졸업 이후 흩어졌던 친구들을 다시 만났다. 학교 교정에 나무가 우거진 청운정이라는 정원이 있었는데, 까까머리 알 밤톨 같았던 친구들이 문학을 논하고 세상 돌아가는 이야기도 하였다.

글재주 있는 친구들은 문학 서클에 가입하여 창작에 힘쓰는 등 인격을 연마하는 데 부족함이 없는 환경이었다. 나는 문학 쪽에는 재주와 관심이 없었고, 당시 유행하던 통기타 팝음악에 흠뻑 빠져 틈나는 대로 비슷한 취미의 친구들과 기타를 연주하며 즐겁게 지냈다. 수년 전 그때의 친구들이 예순을 앞두고 뭉쳐 록밴드를 결성하여 몇 번 공연을 하였다. 난데없이 "물 좀 주소!"라고 하며 소리치는 괴짜 가수 한대수가 미국에서 갓 돌아와 포크 록 음악으로 충격을 주었는데, 나는 특히 그에게 매료되어 있었다. 사람의 인연이란 것이 참 신기하다. 형님이 미국 유학 시절 MIT 교정에서 만나 결혼한 형수님은 가수 한대수와 외사촌 관계였다. 그 이후 나는 한대수가 직접 사인을 한 앨범을 선물로 받는 행운을 가졌는데, 역시 '열나게 바라는 대로 되고, 꿈은 이루어지는구나'하고 느꼈다.

학년이 올라갈수록 대학 입시 스트레스가 많이 쌓였다. 예능 수업은 심도 있게 진행되지 않았다. 가끔 더운 여름에도 땀을 뻘뻘 흘리며 축구를 하면서 입시 스트레스를 풀었다. 그때는 몰랐지만 지금 생각해보면 땀 냄새와 막 까먹은 도시락 반찬 냄새가 범벅이 된 교실에서 강인한 인내심으로 제자들을 가르치셨던 선생님들의 노고에 감사드린다.

결과적으로 이미 그해부터 고교입학시험이 사라진 부산에서 온 50여 명의 친구들까지 합세한 막강의 전사들은 전국 명문대 입학을 휩쓸었다. 그러한 연유로 나는 상당수의 부산 출신의 친구들이 생겼고, 마침내 부산에 친정을 둔 캠퍼스 여대생을 만나 결혼까지 하였다. 이것만으로도 부족하여 현재 나는 약 3년 전 부산으로 이사를 와서 매일 아침 해운대와 송정 사이의 솔밭 길을 산책하고 있다.

지금 생각하면 나의 고교시절은 팝 음악에도 심취하고 싶기도 하고, 가끔 그림도 신나게 그리고 싶었다. 하지만 까까머리에 검은 교복과 교련복까지 사회규범에 한 치도 벗어나지 않는 착한 모범생으로 자라고 있었다. 그 당시 공부와 시험은 주입식 암기가 대세였다. 그렇게도 열심히 풀던 방정식과 미적분 함수 문제는 이제 생각조차 나지 않고, 왜 배웠는지도 모를 정도다. 죽지 못해 억지로 외웠던 역사 연도 같은 것은 지금도 뚜렷이 기억나는 부분이 있는 것을 보면, 반드시 암기식 수업이 나쁘다고만 할 수는 없겠다는 생각이다. 나의 고교시절은 그렇게 흘러 갔다.

모두가 힘든 시절이었지만, 빙그레 미소가 지어지는 어린 시절을 자랑하듯 늘어놓으며 회고하는 이유는 어릴 적 음악과 미술에 재능이 있고 좋아하면서도 사회규범에 충실하고 바른생활 모범생으로 살아온 궤적이 나를 건축가의 길로 들어서게 했기 때문이다.

건축가가 되기 위한
여정의 시작
대학생활

재수까지 하여 서울공대 건축학과에 들어갔다. 지금 돌이켜보면 대학
생활을 이야기하기에는 대학생활을 한 물리적인 시간이 너무 짧았다.
전공이 정해진 2학년이 되고 두 달도 채 되지 않았을 때 10·26사건으
로 휴교하였고, 연이은 서울의 봄 시위와 5·18로 학교는 계속해서 휴교
를 이어갔다. 학교가 정상화되어 수업을 제대로 받게 되었을 때는 3학
년 2학기였다. 학교는 일 년도 온전히 못 다닌 것 같은데, 졸업이 더 가
까이 보이기 시작했다. 1년간 관악 캠퍼스에서 교양과정을 이수하고
건축학과를 지망하여 공릉동 캠퍼스에서 대학생활의 한 해를 보냈다.
전국의 주요 대학을 성적순으로 매겨놓고 예비고사 또는 성적순으로
지망학과가 결정되었고, 당시 대부분의 학생들이 개성이나 주관을 뚜
렷하게 표현할 수 있는 환경이 아니었다. 사실 나는 대학 진학을 앞두

서울대학교 ©gettyimagesbank

고 가정적 분위기가 조금 달랐다. 아버지와 어머니는 사회적인 통념과
는 달리 내가 의사가 되는 것을 그리 원치 않으셨다. 토목 관련 전문 건
설업으로 크게 성공을 거두시고, 체육회 활동으로 세계를 누비시던 외
숙부의 영향을 받으셨는지, 항상 일정한 공간에 머물며 평생 환자를 돌
봐야하는 의사생활을 권하지 않으셨다. 또한 형님은 일찍이 서울공대
화공과(1970년대 초 화공학 분야는 최고의 인기 분야였다)에 진학하여
석사과정을 마친 뒤 국비유학생으로 MIT 박사과정에 유학을 앞두고
있었는데, 그 또한 내게 많은 영향을 끼쳤다.

공대생들은 옆구리에 기관총처럼 계산자라는 것을 차고 다녔다. 전자
계산기가 일반화되기 이전이라, 계산자의 길이가 길수록 기능의 강력
함이 더 커지는 계산기를 마패처럼 차고 다녔다. 공대에 진학했지만 수

학 로그함수를 더 깊게 파야 한다는 것도 싫었고, 계산자를 허리춤에 차고 다니는 것은 더 싫었다.

그래서 고심한 끝에 선택한 전공이 건축학과였다. 다른 과들과 달리 '공'자가 학과 이름에서 제외되어 있어서 은근히 일반적인 공대와는 DNA가 조금 다르다는 것을 은연중에 나타내고 있었다. 수학적인 소질도 중요하지만 미적 감각이 더 중요시된다는 건축학과의 이념에 매료되지 않을 수 없었다. 하나같이 귀를 덮는 장발을 하고 신입생 환영 오리엔테이션에 나선 과 선배들 중 연극반 활동에 심취한 한 괴짜 선배는 "건축가들은 말이야 포켓이 크고 많이 달린 옷을 입고 다녀야 해. 공사현장 감독 나가면 이곳저곳에서 돈 봉투가 많이 들어오거든" 하고 너스레를 떨었다.

건축과 학우들은 계산자 대신 일본의 '신건축'이나 'A+U' 같은 잡지를 끼고 다녔다. 당시 대학생들은 가정교사 아르바이트를 많이 했는데, 나에게 수학 과외수업을 받던 한 학생은 나의 폼생폼사에 매료되어 건축계통 대학으로 진학하였다. 이후 미국 유학 중 산업디자인으로 전공을 바꿔 공부하여 현재 우리나라 최고의 디자인 명문대학 교수가 되었다. 그는 어느 날인가 나의 개인사무실 명함 로고디자인을 도와주면서 이 이야기를 내게 들려주었다.

앞서 언급하였듯이 2학년 2학기가 시작되고 두 달이 채 되지 않았을 때 아침 일찍 기숙사 방의 스피커로 안내방송이 나왔다. 국가비상사태가 발생하여 휴교와 함께 기숙사를 폐쇄하게 되어 당일 내로 짐을 싸서 퇴실하라는 것이다.

서울공대 캠퍼스가 있던 공릉동은 서울 시내에서 멀리 떨어져 있어서 한적한 시골 분위기였는데, 교문 앞에 있던 구멍가게 인심도 후하여 공대생이면 이름과 학과만 장부에 기록하고(물론 선배나 조교의 신용 보증이 필요하였었지만) 맥주나 새우깡을 외상으로 살 수 있었고, 월말에 향토장학금이 올라오면 결제하는 완전한 신용사회 였다. 청천벽력으로 갑자기 모두 '고향 앞으로 가!' 하게 되니, 구멍가게 주인아저씨가 허둥지둥 기숙사 복도를 뛰어다니면서 수금하시려고 발을 동동 구는 모습을 볼 수 있었다.

안타깝게도 구멍가게 주인아저씨의 수금 노력은 물거품이 되었을 것 같다. 왜냐하면 겨우 다시 개강했을 때 공대 캠퍼스가 관악 캠퍼스로 옮긴 뒤였기 때문이다. 요즘도 10·26 하면 그때의 상황이 떠올라서 혼자서 웃음 짓곤 한다.

긴 휴교기간을 보내고 이듬해 3월에 개강을 하였으나, 캠퍼스는 '서울의 봄' 이라 불리는 격동의 상황 속에 빨려 들어가고 있었다. 전체 학생 집회가 열리고 끝난 뒤 학생식당에서 설렁탕 같은 것을 먹을 수 있는 식권을 나눠주었던 것 같다. 학우들은 "데모하면 밥 주네!" 하면서 웃기도 하였다. 어느 날 오후 비를 맞으면서 그 기다란 마포대교를 생전 처음 걸어서 건넜다. 서울 소재 대학생 전체 시위에 우리는 신촌 로터리 우산 속 앞에 집결해야 했기 때문이다. 며칠 안돼서 5·18로 다시 언제 끝날지 모르는 휴교에 돌입하였다.

교문 앞을 지키던 장갑차가 사라지고 가을이 되어 개강을 하였다. 무거운 분위기 속이었지만 학교 강의는 정상적으로 진행되었다. 현재 우리나라 정계의 거물이 된 심재철, 유시민 전 의원 같은 이가 기염을 토하고 서울대 대통령이라 불리던 김부겸 총리가 사자후를 내뿜던 아고라 광장은 적막감마저 들었고, 가끔 도서관 유리창 틀에 매달려 한 줌의 유인물을 뿌리고 사복 경찰과 함께 조용히 사라지는, 그런 시간이 계속되었다. 더스틴 호프만이 주연한 영화 <졸업>에서 떠나간 연인을 그리며 방황하는 주인공의 배경음악으로 깔리는 사이먼 앤 가펑클의 'April Come She Will'이라는 노래 분위기가 눈앞에 그려지고 귓가에 맴돌았다.

전공과목 몇 개를 듣고 나니 건축에 대해 좀 더 깊게 생각하게 되었다. 대학교를 전혀 다니지 않고서도 세계적인 명성을 떨치기 시작한 복서 출신의 일본 건축가 다다오 안도의 스토리를 듣게 되었다. 그는 학교 공부 대신 수년간 유럽여행을 하면서 혼자 스케치를 하는 등 독학으로 자신만의 건축 세계를 개척하였다. 유학생활을 하면서 캠퍼스 커플로 결혼까지 하신 형님이 가끔 미국의 건축계 소식을 전해주셨다. 그때 이미 나의 가슴 속엔 유학 바람이 가득 차고 있었다.

4학년 1학기가 끝나자마자 졸업 전시회 준비가 시작되었다. 살벌한 캠퍼스 분위기였지만, 어떻게 허가를 해주었는지 우리는 설계 스튜디오에서 밤을 새웠다. 꿀맛 같은 라면을 곤로에 끓여 먹으면서 건축가의 달콤한 인생을 맛볼 수 있었다. 7월 1일 0시를 지나면서 라디오에서 록

그룹 유라이어 힙^{Uriah Heep}의 명곡 'July Morning'이 스튜디오에 울려 퍼졌다. 강렬한 일렉트릭 기타의 금속음과 함께 비로소 나는 건축가가 되는 험난한 길 위에 섰음을 되뇌었다. 요즘도 7월의 첫째 날이면 나는 'July Morning'을 듣는다. 그리고 그때를 생각하며 건축과 동기생 단톡방에 유튜브 영상을 올린다. 친구들의 그 시절 추억 소환을 기다리면서 말이다. 그 짧은 캠퍼스의 시간 동안 고건축답사도 하고, 평생의 반려자도 만나 캠퍼스 커플로 연애도 실컷 하였으니, 대학시절을 헛되이 보낸 것 같지는 않다.

'도심, 인간, 건축'
대학졸업작품

1981년 3학년 2학기 가을부터 국내정치는 신군부 세력이 이름 그대로 새로운 집권 세력으로 자리를 잡아갔다. 학교는 표면적으로는 학사일정을 이어가는 불안한 안정을 이어갔다. 숨 막힐 듯이 답답하지만 타는 목마름의 갈증을 참으며 세월을 보내고 있었다. 우리는 답답함, 목마름 속에서도 평생의 과업 제목을 놓고 씨름을 하며 세상에 알리고 싶어 하였다. 지금 생각하면 그 치기의 황당함에 미소가 지어진다. 사람이 많이 모이는 장소, 그 장소의 활기, 자유분방함, 그리고 그러한 것들과 도심의 공간 사이에 관한 인간적인 고찰과 표현 같은 것을 명동 입구에 쏟아 붓고 있었다.

그 당시의 명동거리는 일 년 내내 크리스마스이브라고 불릴 만큼, 시민들과 관광객으로 붐볐다. 우리나라의 금융 업무와 문화·엔터테인먼트

김진균교수님과 졸업작품전

의 중심이었다. '쎄시봉', '쉘부르의 우산', '몽쉘통통'뿐만 아니라, 이름 그대로 '명동 칼국수', '명동 한일관', 우리나라 최초의 세계 복싱 챔피언 김기수가 경영하는 '챔피언다방', 가수 조용필이 대스타로 발돋움하게 되는 노래 '창밖의 여자'를 열창하며 젊은이들을 끌어모았던 'Club My House' 등 이름만 들어도 아련하고 가슴이 뛰는, 다양한 도심의 행위들이 거대한 용광로처럼 이글거리던 곳이었다. 현대의 전문 용어로 'Urban Stage to Contain Various Urban Activities'였다.

나의 졸업작품 주제는 사람들의 행위로 가득한 명동거리에 체계적인 위계질서Hierarchy를 잡아주고, 대상 부지 위에다 그러한 위계질서를 구현해 보임으로써, 명동 도심 전체를 활성화한다는 야심 찬 도전을 펼쳐 보였다. 미국 유학과 건축가 수련과정을 마치시고 막 귀국하신 김진균 교수님의 멋진 내·외공은 외부세계를 내다보는 하나의 통로가 되기에 부족함이 없으셨다. 비슷한 시기에 환경대학원으로 부임하신 김기호 교수님도 젊은 시절 건축학도들에게 '어~으바~ㄴ 디자인Urban Design'의 의식을 많이 심어 주셨다. 나는 나도 모르는 사이에 빌딩과 빌딩 사이 공간의 관계 설정, 즉, '활동Activities를 담는 그릇Container로서의 공간' 같은 '도시문제Urban Issue'에 조금씩 눈을 뜨는 일종의 의식화 과정을 밟고 있었다.

서울 명동 ⓒgettyimagesbank

미국에서
프로 건축가
되기

미네소타대학교
건축대학원 유학시절

1982년 ~ 1984년

격동의 대학시절을 보낸 나는 대학원에 진학하였다. 6년 위의 형님이
국비유학생으로 MIT에서 박사과정을 밟고 있었던 영향도 있고, 때마
침 신군부 정부는 병역 미필자에게도 해외유학을 허락하는 획기적인
조치를 발표하였다. 막연히 훗날의 일이라 생각했던 유학이 내 인생 경
로에 현실과제로 급부상하였다. '기회는 찬스다'라는 격언을 놓치지 않
고 실행하기로 마음먹었다.

캠퍼스 커플이었던 나와 여자친구(현재의 아내)는 부모님께 통상적으
로 지출하게 되는 결혼비용으로 유학을 보내 달라고 졸랐다. 우리는 보
유재산도 없고 일정 수입도 없는 장발머리 청년이 신랑이 되고, 동화
속 공주의 꿈을 가진 소녀가 신부가 되어 일생일대의 자폭을 결행하
기로 하였다. 카시오 전자시계를 보란 듯이 손목에 차고서 결혼식장으

미국 미네소타 대학 ⓒgettyimagesbank

로 뚜벅뚜벅 걸어 들어갔다. 그래도 소공동 양복점에서 짙은 감청색 양복을 한 벌 맞추고, 아내는 롯데백화점 숙녀복 코너에서 하얀 레이스가 잔뜩 달린 원피스를 예복으로 산 뒤 같은 쇼핑센터의 보석점 '티파니'에서 두 사람의 이름을 새긴 18K 금반지를 커플링으로 맞춰 넷째손가락에 꼈다. 언젠가 성공하면 오드리 헵번이 나오는 뉴욕의 진짜 티파니에서 순금반지도 사고 아침도 먹자는 약속도 굳게 하였다. 기념 스냅사진은 밤샘 기말과제를 하던 대학시절 친구들이 작업복 차림으로 참석하여 직접 찍고, 신혼여행은 고속버스를 타고 동해안 강릉 속초로 떠난, 극 진보적인 결혼식을 감행하였다.

모교에서 석사학위를 마치기로 한 아내가 일 년 뒤에 미네소타로 유학 오면서 합류하였을 때는 태어난 지 두 달 된 딸아이와 함께였다. 우리

미국 미네소타 겨울 ©gettyimagesbank

의 본격적인 신혼생활은 영하 40도의 강추위를 뚫고 온 딸아이와 함께 시작되었다. 학교 설계 스튜디오에 데려가서 제도판 옆 테이블 위에서 우유병을 물면서 놀게 하고, 피아노에 맞추어 노래를 연습하는 엄마와 함께 딸아이는 자랐다.

졸업작품을 심사하는 날, 평소 호랑이처럼 무서우셨던 미네소타의 레너드 파커Leonard S. Parker 교수님그는 90년대 중반경 부산의 벡스코 콤플렉스를 설계하였다과 에로 사리넨Eero Saarinen과 막상막하로 경쟁하셨던 랠프 랩슨Ralph Rapson 교수님 등 지도 교수님들이 "젖먹이 애기까지 데리고 와서 시위하는 저 코리안 친구를 어떻게 낙제를 시키지?"하면서 잔뜩 긴장한 동양에서 온 촌놈을 격려해 주셨다. 열심히 한 덕분인지 유모차 모녀의 시위 덕분인지는 모르지만, 무사히 유학생활을 마쳤다.

이십 수년 후 무남독녀인 나의 딸아이가 버클리대학에 다니다가 사귀

유학시절 졸업작품을 심사

게 된 현재의 남편과 결혼하게 되었다. 안타까운 마음의 아빠인 내가 심각하게 물었다. 무일푼 청년과 사랑만으로 험난한 결혼생활을 헤쳐 나갈 수 있겠냐고 말이다. "엄마 아빠도 그렇게 했으면서, 왜 나라고 못 할 것 같아?"하고 대답이 돌아왔다. 그들은 현재 뉴욕에서 두 딸을 슬 하에 두고 잘살고 있다. 신랑은 세계적인 투자금융회사의 대표급 변호 사이자 금융인으로, 딸아이도 세계적인 신용카드회사의 마케팅 디렉 터를 역임하는 등 열심히 지내고 있다.

유학시절 졸업작품을 심사

미네소타대학교University of Minnesota와 미니애폴리스City of Minneapolis

1982년 8월 말, 당시에는 낯선 풍경이 아니었지만, 나는 20여 명의 일가친척과 친구들의 환송을 받으면서 김포공항을 떠나 뉴욕으로 향하는 비행기에 올라탔다. 눈물을 글썽이시는 어머니와 결혼한 지 한 달도 채 안 되는 아내를 뒤로 한 번 돌아보고, 영화와 잡지에서만 보던 미국으로 떠났다.

해외로 나가는 것이 처음이라, 잔뜩 긴장한 채 한숨도 못 자고 뉴욕JFK 공항에 도착하였다. 형님이 자세히 알려준 대로 환승하여 보스턴으로 가는 국내선에 올라타기 전, 창밖으로 수하물이 실리는 모습을 물끄러미 쳐다보았는데, 아무리 봐도 그 당시 미국을 여행하는 사람이면 대부분 애용했던 이민 가방이 실리는 모습을 찾을 수 없었다. 불안한 마음으로 보스턴 공항에 내렸고, 마중 나온 형님을 만났다. 그리고 사라진

MIT Chaple ⓒgettyimagesbank

나의 생필품이 가득한 이민 가방을 찾기 위해 항공사 카운터로 갔다.
그때는 퍼스널 컴퓨터가 일반화되기 이전이라, 항공사 컴퓨터로 나의
수하물은 플로리다행 비행기로 오고 있다고 알려주면서 보스턴으로
오는 즉시 숙소로 배달하여 준다며 나를 안심시켰다. 참 신기한 광경이
었다.

형님은 나를 데리고 보스턴 지역의 여러 곳을 돌아다녔다. 하버드대학
교와 MIT는 책으로만 알고 있던 당대 거장 건축가들의 작품 전시장
같았다. 특히 르코르뷔지에Le Corbusier의 하버드 대학 비주얼 아트센터
Visual Art Center와 에로 사리넨Eero Saarinen의 MIT 채플MIT Chapel은 나의
뇌리에 강한 인상을 남겼다. 보스턴 시내 시청 뒤편의 퀸시 마켓Quincy
Market도 갔는데, 1800년대의 오래된 고색창연한 시장 건물을 리노베이

션 하여 현대적인 레스토랑과 식료품점이 입주하여 시내의 직장인과 관광객이 인산인해를 이루는 구도심의 활력소 역할을 하고 있었다. 대학졸업작품에서 멋도 모른 채 외쳤던 '구도심의 활성화' 현장을 두 눈으로 목도하고 온몸으로 느꼈다. 이후 나는 구도심 활성화 이슈가 거론될 때 항상 퀸시 마켓을 머릿속에 떠올리곤 한다.

하루는 형님이 8기통 대형 중고 세단에 나를 태우고 운전하여 로드아일랜드Rhode Island주 뉴포트New Port에 위치한 미국 건국 초기에 성공한 대부호들의 별장이 모여 있는 곳을 데려갔다. 미국이 건국된 후 한창 산업적으로 번성할 때 네덜란드에서 이민 온 반데르빌트Vanderbilt 일가는 철도 부설로 엄청난 부를 축적하였고, 유럽이 보일 것 같은 대서양 해안에 건물의 내·외장 모두를 대리석으로 치장한 '마블 하우스Marble House'를 축조하였다. 여름 별장이라고 하지만 건물의 규모나 내부 장식 등이 왕궁이라 불러도 손색없었다. 특히 진한 분홍빛의 아프리칸 대리석으로 꾸며진 라운지는 신비스럽고 아름다웠다. 댄스파티가 열렸다는 연회장은 온통 금박으로 장식하여 번쩍번쩍 빛났다.

로버트 레드포드Robert Redford 주연의 영화 '위대한 개츠비'의 촬영이 그곳에서 이루어졌다고도 한다. 18세기 프랑스 혁명 이후 베르사이유 궁전 등을 장식했던 소품이 경매를 통해 정리되었고, 그중 많은 소품이 뉴포트의 별장들을 장식하고 있다고 한다. 하지만 루이 왕 부럽지 않은 생활을 했을 것 같은 별장 주인들이 행복하게 생을 마감한 경우가 많지 않다는 이야기를 듣고 나니, 젊은 마음에도 이런저런 복잡 미묘한 생각이 들었다. 보스턴으로 돌아오는 길에 형님이 버거킹에서 가장 큰 햄버거인 더블와퍼를 사주시면서 아마도 당분간 내 주식이 될 것이라며 웃으셨다. 이 시기 마블 하우스를 방문했던 것이 나의 현역시절의 정점이었던 시기였던 수년 전, 중동의 부국 카타르에서 왕궁프로젝트를 수주한 인연의 시초가 되지 않았나 싶다.

며칠 뒤 플로리다까지 다녀온 이민 가방을 들고서 미네소타주 미니애폴리스행 비행기에 몸을 실었다. 비행기 아래의 뭉게구름이 퍽 인상적이었다. 미네소타주 전체에 호수 개수가 일만여 개라고 하는데, 미니애폴리스만 하더라도 일천여 개나 되니, 하늘에서 보는 땅의 모습은 온통 구멍이 숭숭 뚫린 듯하였다.

미네소타대학교의 캠퍼스는 미시시피강을 중간에 두고 양쪽으로 나누

미네소타대학교의 캠퍼스 ©gettyimagesbank

어져 있다. 산책 겸 주변 탐색을 위해 나온 어느 오후, 스코틀랜드 전통의상을 입은 한 남자가 강가에서 전통악기 백파이프를 불고 있는 모습을 보니 정말 이역만리 타향에 와있다고 느껴졌다.

첫 학기가 시작되고, 첫 설계 과제가 주어졌다. 미니애폴리스 시내 중심가에는 자동차 통행을 최소화하여 보행자 중심의 등뼈 같은 기능을 하는 거리 '니콜렛 몰Nicollet Mall'이 있다. 쇼핑, 식당가 등 상업공간이 몰을 따라 형성되어 있고, 군데군데 도심 포켓공원이 형성되어 있어 자칫 삭막해질 수 있는 도심의 환경을 사람 중심의 활기찬 공간으로 만든, 성공적인 도시설계 사례였다. 우리는 니콜렛 몰을 중심축으로 하여 용도, 동선, 오픈 스페이스, 랜드마크 등 도시의 위계질서를 분석하고 연계하여 아직 개발되지 않은 빈 공간을 선택하여 디자인 아이디어를 제시해야 했다. 그리고 혹독하게 추운 겨울과 찜통같이 무더운 내륙지방의 극심한 계절에 대비하여 온 시내의 전 블록을 2층 레벨에서 연결해 놓은 (냉난방이 완비된) '스카이웨이 보행시스템' 연구를 하는 등 도시건축학도의 학구열을 마음껏 자극하는 재미있는 스튜디오 작업이 계속되었다. 나는 한국에서 도시설계라는 새로운 개념의 접근을 이미 배우고 온지라 수업 시간에 그리 당황하지 않았는데, '어-반 디자인'이라고 강조하던 학부 때 교수님께 감사한 마음이 들었다.

눈이 사람 키만큼 쌓이는 겨울을 두 번 보내고 나니, 석사논문에 해당하는 설계작품을 논문형식으로 준비해야 했다. 나는 니콜렛 몰 프로젝트를 심화·발전시켜서 선택된 대지에 복합 기능의 건물들을 설계하

미국 미니애폴리스 니콜렛 몰 ©gettyimagesbank

기로 결정하였다. 주로 스튜디오에서 작업하였는데, 구석에 자리 잡은 한 동료 학생이 항상 큰소리의 전축 스피커로 록그룹Rock Group 보스턴 Boston의 'More Than A Feeling'이라는 노래를 듣고 있었다. 잔잔한 어쿠스틱 기타 연주로 시작하여 강렬한 록사운드로 이어지는 선율은 우리가 희망하는 '도시의 또 다른 스토리텔링'이라는 느낌이 들게 해주었다.

졸업작품 발표를 성공적으로 끝낸 후 본격적으로 건축가 수련과정을 밟기 위해 준비하였다. 가을 한 계절 동안 여러 군데의 설계사무실에 이력서와 작품 포트폴리오를 보냈다. 동부 지역의 코네티컷Connecticut 주뿐만 아니라 미국에서 명성을 날리던 재미교포 건축가 김태수 선생님과의 인터뷰를 위해 보스턴에서 그레이하운드 버스를 탔다. 나뭇잎이 다 떨어진 차창 밖의 낙엽수들이 건축모형을 만들 때 구입해서 쓰는 모형용 트리 같아 보였다.

건축가가 되기 위한
수련과정
코네티컷^{Connecticut}

미네소타에서 석사학위를 마친 나는 건축가가 되기 위해 험난한 수련
과정에 올랐다. 대학시절 지도 교수님은 건축가 수련생의 봉급은 쌀 두
가마니라고 항상 말씀하셨다. 한 가마니는 식구들이 먹고, 다른 한 가
마니는 팔아서 생활비에 보태야 한다고 하셨다. 그 당시 대선배들은 그
렇게 생계를 유지하였다. 박봉과 야근에 힘들었지만, 꿈에 그리던 미국
주류사회 사무실에서 수련과정을 밟는다는 사실이 이 모든 힘든 일을
잊게 해주었다.

딸아이의 돌잔치를 미네소타 대학원생 아파트에서 조촐하게 하고 얼
마 되지 않아서, 첫 직장을 다니기 위해 대륙을 절반 정도 횡단하여 정
착한 곳은 코네티컷^{Connecticut}주 하트퍼드^{Hartford}였다. 우리 세 식구는
또 다른 새로운 세상을 만나기 위해 8기통 중고 GM 세단에 몸을 맡긴

미국 코네티컷 하트퍼드 ©gettyimagesbank

채 눈발이 휘날리는 미드웨스트Midwest 벌판을 지나 달리고 또 달렸다. 도중 나이아가라 폭포를 들렸는데, 밤이라서 시각적으로 뭘 보았는지 는 전혀 기억에 없고, 귀를 울리던 웅장한 굉음 같은 폭포소리는 아직 도 생생하다.

미국건축가협회 최고의 명예로운 직함인 FAIAFellow of the American Institute of Architects을 획득한 재미 건축가 김태수 선생님께서 도제의 기 회를 주셨다. 열댓 명의 그리 크지 않은 규모의 사무실이었지만, 절반 이상이 예일대 출신으로 그야말로 야망에 넘치는 젊은 혈기로 가득한 분위기였다. 사무실 스튜디오의 분위기는 직장이라기보다는 오히려 학교에 가까웠다. 예일대에서 오랫동안 설계교수직을 맡았던 김 선생 님의 철학이자 리더십의 영향이 클 것이다.

김태수 건축사사무소 TSK Partners & Architects

사무실 건물은 오래된 콜로니얼Colonial 양식의 단독주택을 개조하여 1
층의 거실 및 다이닝 공간은 회의실 및 김 선생님의 스튜디오로 사용
하였고, 2층의 침실들은 칸막이벽을 모두 허물어 오픈 스튜디오로 사
용하였다. 사무실에 도착하여 온가족이 선생님과 사무실의 동료 직원
들에게 인사하였다. 한창 아장아장 걷기 시작한 딸아이는 이곳이 어딘
지도 모르고 이 방 저 방 마룻바닥을 좌충우돌 돌아다니고 있었는데,

이를 보시고 웃으시던 김 선생님이 "그래 뭘 할 수 있을까?"하고 물으셨다.

그렇다. 건축 전공의 대학/대학원 생활은 전문인이 되기 위한 기본 소양을 가르치는 과정이고, 본격적인 전투에 투입되는 전사가 되기 위해서는 제식훈련과 소총 다루는 법부터 사무실에서 하나하나 다시 배우기 시작해야 한다.

나는 다행스럽게도 미네소타에서 학교를 다니는 동안 일주일에 이틀 정도 그곳의 터줏대감 건축가이신 허승회 선생님으로부터 도면 그리는 법을 배울 겸 일종의 아르바이트를 하였다. 미국은 한국과 달리 목재 프레임으로 주택을 짓기 때문에 시스템 자체가 달랐고, 인치Inch, 피트Feet 단위를 쓰기 때문에 그 또한 익숙하지 않았다. 나는 아르바이트의 경험을 살려서 주택 도면 그리기에 도전해보고 싶다고 말씀드렸다. 김 선생님은 마침 알맞은 프로젝트가 있으니 한 번 해보라고 하셨다. 하트퍼드Hartford의 외곽에 파밍턴Farmington이라는 동네가 있는데, 그곳에 뉴잉글랜드New England 지방에서 그래픽 디자이너로 유명한 원더리스카Wonderiska 씨의 자택을 설계하는 일이었다.

혼자서 몇 달 동안 끙끙대며 도면 작업을 마치자, 김 선생님의 역작이라 할 수 있는 하트퍼드대학교 본관 콤플렉스 프로젝트가 시작되었다. 꽤 큰 사이즈의 빌딩이지만 휴먼 스케일의 균형감으로 아기자기함을 잃지 않는, 여러 종류의 스카이라이트 시스템의 디자인으로 자연광을 내부로 듬뿍 끌어들이는, 그리고 뉴잉글랜드 지방의 공공건축과 학교

건축에 가장 흔히 쓰이는 벽돌을 외부재료로 쓰는 프로젝트로, 나에게
는 일종의 건축 교과서 같은 프로젝트였다. 시니어 디자이너가 스케치
하고 개념을 잡으면, 밑에 사람들이 스터디 모형을 만들고, 벽돌의 디
테일을 배우고 익혔다.

무엇보다도 이곳에 일하면서 가장 큰 배움은 '건축가 김태수의 건축을
대하는 태도'였다. 그는 1960년대 일찍이 유학을 와서 예일대학교 건
축대학원에서 당대의 최고 거장이자 브루탈리스트Brutalist 거친 콘크리트를
구조물 및 내·외장 재료로 사용하며 조형적으로 파격적이고 매시브한 건축을 주로 하는 집단인 폴
루돌프Paul Rudolph 교수의 지도를 받았다.

김 선생님이 도제들에게 들려주신 일화 중 하나가 있다. 그는 미국에
도착하여 뉴욕에서 한창 유행하던 모더니스트들의 미니멀 디자인의
선두주자인 미스 반 데어 로에Mies van der Rohe의 시그램Seagram 빌딩을
보고 무척 큰 충격과 감동을 받았다. 그러나 예일대학교 대학원은 사
뭇 다른 분위기였는데, 이는 주임 교수 폴 루돌프의 영향을 받아 대부
분의 학생이 브루털한 조형미를 추구하기에 바빴다고 한다. 김 선생
님은 스튜디오에서 주어진 과제를 그 나름대로 미니멀한 접근으로 풀
어나갔고, 폴 루돌프 교수는 별 비판 없이 계속 진행해보라고 하였다.
그는 지도 교수가 자신의 안을 좋게 생각하는 지 별 관심이 없는 지 도
저히 알 수가 없고, 다른 학생 대부분이 추구하는 형태적 접근이 자기
와 너무 달라서 심리적으로 불안하였다. 그 불안을 견디지 못하고 밤을
꼬박 새워서 과제의 근본적인 형태를 매끈하고 간결한 모습에서 거칠

고 투박한 모습으로 근본적인 형태를 확 뒤집어버렸다. 미니멀리스트 Minimalist에서 브루털리스트 Brutalist로 변신한 것이다.

폴 루돌프 교수는 깜짝 놀라 갑자기 방향을 바꾼 이유에 대해 물었다. 김 선생님은 자초지종을 솔직하게 고백했고, 교수는 갑자기 스튜디오의 모든 학생을 불러 모은 뒤 "나는 미스터 김이 여러분과 살아온 문화적 배경도 다르고, 미국에 익숙하지 않아서 여러분들과 접근 방법이 같다고 생각하지 않았다. 미스터 김은 나름대로 설계논리를 전개하여 나갔고, 나는 그가 어떤 결말을 도출해낼지 무척 궁금해하며 조용히 지켜보고 있었다.

그런데 오늘 아침, 그가 이렇게 방향을 바꾸어서 그 이유를 물었더니, 여러분의 대세를 따라가려고 했다고 한다. 결과적으로 여러분은 미스터 김의 건축 인생 여정에 좋지 않은 영향을 주고 있으므로, 미스터 김은 건축가로서 자기 자신만의 영역을 구축하기 위해서는 유학생활을 그만두고 한국으로 돌아가는 게 나을 수도 있다."라고 일갈하셨다고 한다.

크게 가르침을 받은 김 선생님은 그 후 일생동안 유행에 흔들리지 않고 근본적인 문제해결에 주안점을 두고 깔끔한 결과를 도출하는, 모더니스트들 중에서도 원리주의자적인 건축철학을 펼쳐 나가셨다. (나에게 김 선생님은 거룩함 마저 느껴지는 건축가로, 선생님에 대한 나의 관점이 틀리질 않기를 바란다.)

다시 뉴욕과 보스턴의 중간점에 위치한 하트퍼드에서의 생활 이야기

미국 뉴욕 5번가 명품 거리 ©gettyimagesbank

로 돌아오자면, 거의 매월 두 도시 중 하나로 주말 탐방을 다니던 일을
잊을 수 없다. 뉴욕의 수많은 뮤지엄과 5번가의 명품 부티크 거리를 걷
는 것도 좋았지만, 당시 한창 화제로 떠오르던 소호Soho 지역이 인상 깊
었다. 각종 공장이 들어서 있던 지역이 화재 오염 등으로 외곽으로 이
전한 뒤 뉴욕시의 특별한 배려로 예술가들이 그곳에 싼 값으로 들어와
작품 활동을 하게 되었다. 속이 빈 주물 철제 기둥을 가진 클래시컬한
외관의 건물의 1층은 대부분 작가들의 예술작품을 전시하는 갤러리가
들어섰다.

내가 처음 방문한 1980년대 중반의 소호 지역은 딱 이러한 상태였다.
조용한 갤러리들 사이로 밍크코트와 에르메스 스카프, 그리고 검은색
선글라스로 한층 멋을 낸 귀부인들이 거리에 많이 나타났고, 공장 건

미국 뉴욕 소호거리 ©gettyimagesbank

물의 배경과 패셔너블한 이미지의 묘한 대조적인 매칭으로 다른 곳에
서는 찾아볼 수 없는 문화예술 콘텐츠와 어울려 새로운 도시의 매력을
뿜고 있었다.

점차 핫플레이스로 소문이 나자 관광객이 늘어나기 시작하였고, 갤러
리 대신 선물가게와 부티크상점이 늘어났다.

어떤 디벨로퍼들은 공장 스튜디오를 과감히 허물고 최신식 콘도미니
엄을 지었다. 당시 유행하던 영화 <나인 하프 위크Nine 1/2 Weeks>의 주
연 미키 루크와 킹 베이싱어 같은 여피Yuppie; Young Urban Professional들의
꿈 의 주거공간이 되었다.

자연스럽게 지역의 부동산 가격이 치솟았고, 예술가들은 하나둘씩 작
업을 할 수 있는 저렴한 공간을 찾아서 외곽으로 떠나기 시작하였다.

미국 뉴욕 5번가 록펠러센터 겨울시즌 스케이트장 ©gettyimagesbank

결국은 남부 맨해튼의 차이나타운 인근을 거쳐 지금은 브루클린에 둥지를 트고 있다. 현재 오리지널 소호 지역은 거대한 명품 부티크 거리로 변하여 세계 전역으로부터 명품 쇼핑을 하려는 관광객들의 타깃이 되었다.

5번가의 록펠러센터 역시 연중 내내 활기찬 명소였다. 값비싼 5번가의 땅 한 블록을 공지로 할애하여 겨울이면 크리스마스트리와 스케이트장이 설치되어 뉴욕 최고의 명소로 등극하였다.

바둑판 같은 그리드 구조의 도로시스템에 약간 비스듬하게 그어진 브로드웨이Broadway가 지나가는데, 제도판 위의 실수로 그렇게 되었을까? 몇 블록을 건너가면 삼각형의 자투리 공간이 나온다. 바로 이런 공간을 공원, 쉼터 등으로 만들어 도시 전체에 활력을 공급한다. 자칫 지루한 바둑판이 되기에 십상인 도시공간을 매력적으로 만드는 것은 루틴을 깨는 작은 파격에서부터 온다는, 어쩌면 평범한 진리를 몸소 경험하였다.

고색창연한 구도심을 가진 보스턴은 하버드대학교, MIT와 함께 아름다운 도시공간을 많이 갖고 있다. 그중에서도 나는 당대의 걸출한 또 한 분의 거장인 아이 엠 페이가 설계한 존 핸콕John Hancock 타워에 매료되었다. 도심 한복판에 보험회사인 존 핸콕사의 고층 사무실을 건립하려는데, 문제는 대지 바로 앞에 트리니티 교회Trinity Church 건물이 있었던 것이다. 시민들의 의견이 분분했다.

아름다운 역사적 건물 앞에 거대한 매스덩어리 고층빌딩이 들어선다

보스턴 존핸콕타워, 트리니니교회

면? 건축가 I. M.페이Leoh Ming Pei는 노출 콘크리트 등 과감한 재료와 형태로 세계의 주목을 받고 있던 터라 주민들의 불안이 더욱 컸으리라 짐작되었다. 그러나 I. M.페이는 역발상으로 반사유리로 온몸을 감싼, 마름모꼴의 평면을 가진 고층빌딩을 안으로 제시하였다.

인접한 고층빌딩은 역사적인 건물과 경쟁하거나 다투지 않고, 깔끔한 반사유리벽은 24시간 트리니티 교회 건물을 비추었다. 시시각각 변하는 하늘까지 유리 화폭에 담아 변화무쌍한 4차원적인 화폭을 도시공간에 제공하여 시민들에게 감동을 주기까지 했다. 수년 전, 지어진 지 40여 년이 된 존 핸콕 빌딩John Hancock Center을 보면서 늠름하고 묵묵하게 원래의 역할을 다하고 있는 모습이 감격스러웠다.

꿈속 동화 같은 수련과정을 거치면서 4년 차에 처음 응시한 미국 건축사시험에 덜컥 합격하였을 때의 기쁨은 이루 말할 수 없다. 결과 발표를 하루 앞두고 혼자서 조용히 지하 모형 작업실로 내려가 주청사의 라이선스 담당관에게 전화를 걸었다. 그 담당관은 공식 발표 전이라 당락여부는 알려줄 수 없고, 다만 샴페인은 준비하는 것이 좋겠다고 한다. 혼자 전 과목 합격의 영광을 얻었고, 같이 시험을 본 예일 출신 동료들이 함께 축하해 주었으니 한국 출신의 미네소타 촌놈이 우쭐할 만했다.

아내는 하트 음악대학원에서 오페라를 전공하여 몇 차례 주연을 맡아 공연을 하였고, 딸아이도 무럭무럭 튼튼하게 잘 자라나 주었다. 내가 건축사시험에 합격했던 그해 가을, 뉴욕 브로드웨이 뮤지컬 중 하나인

유명 발레리노인 루돌프 누르예프의 'King & I' 공연에 참여한 딸(노란색 자켓)

'King & I' 공연이 하트퍼드시에 오게 되었다. 하트퍼드시립발레단 유아반 학생이던 딸아이가 극 중 타이왕의 68명 자식들 중 한 명으로 오디션에 합격하여 러시아에서 망명한 유명 발레리노인 루돌프 누르예프Rudolf Nuryev와 함께 무대에 서는 영광을 누렸다. 매일 밤, 공연을 마치고 나오는 아이를 픽업하기 위하여 무대 뒤에서 기다리며 부모들끼리 수다를 떨곤 하였는데, 부모들은 동서양을 막론하고 똑같다고 느꼈다. 딸아이는 오페라를 전공하는 엄마보다 앞서 페이첵Paycheck을 받고 브로드웨이 무대에 서기도 하면서 우리는 모두 함께 성장하고 있었다. 뉴잉글랜드의 아름다운 사계절을 가슴 속 추억으로 새기면서 5년의 세월이 지나갔다. 거의 매달 뉴욕 또는 보스턴을 오가며 당대 거장들의 작품을 실제로 보면서 느끼고, 그들의 강연을 직접 들었다. 스위스의 마리오 보타, 영국의 자하 하디드, 일본의 안도 다다오까지 그들은 모두 떠오르는 스타였다. 컴퓨터가 제대로 보급되기 전이라 손으로 그리기와 지우기를 거듭하고, 톱질과 칼질을 하며 나무 모형을 만들었다.

소문으로만 듣던 팩스기가 사무실에 설치되던 날, 신기함과 놀라움에 모두 감격하였다. 당시 우리는 과천 국립미술관 공사 설계 관련 업무를 하고 있었는데, 항공우편으로도 2주일씩 걸리던 커뮤니케이션이 즉석에서 상호교류가 가능해졌다. 퇴근하면서 메모를 팩스로 보내니, 그 다음날 신기하게도 답변이 와 있었다. 미래 전문가들이 팩스머신이 공간의 경계를 헐어버렸다고 야단법석이기도 했다. 어떤 이는 크리스마스 카드에 이렇게 썼다. "Merry FaxMas!"

5년 차 여름휴가로 로스앤젤레스를 다녀온 우리는 새로운 도전을 위하여 코네티컷주를 떠나 천사의 도시 로스앤젤레스로 이주하기로 하였다. 김 선생님께 마지막 인사를 드렸는데, 그때 "프로의 세계에서 무엇을 모를 때 절대 아는 체하지 말고 질문하라. 특히 미국 주류사회에서 아는 체하고 속임수를 쓰다가 밝혀지면 치명상을 입는다. 모르는 것을 질문하는 것은 창피한 일이 아니다."라고 말씀하셨다. 지금도 인생의 모티브로 삼고 있는 말이다.

건축가 김태수 선생님은 과천의 국립현대미술관을 비롯하여 국내에도 주옥같은 작품을 많이 남기시고 후학들에게 건축기행 장학금 제도를 설립하는 등 우리나라 건축계의 발전에 큰 족적을 남기고 계신다. 팔순을 넘기신 지금도 어느 젊은 건축가보다 훨씬 더 왕성한 작품 활동을 하고 계신다.

선생님 감사합니다. 그리고 건강히 오래오래 작품 활동하세요!

미국 로스앤젤레스 도심 ©gettyimagesbank

건축가가 되기 위한
수련과정

로스앤젤레스^{Los Angeles}

뉴잉글랜드에서 캘리포니아까지 From New England to California

내가 일하던 사무실의 분위기는 학교 스튜디오와 크게 다르지 않았고, 아내 역시 오페라 전공으로 Artist Diploma 학위과정을 밟아 나가고 있었기에 코네티컷주에서의 생활은 학교에 다니는 학생의 생활과 크게 다르지 않았다. 아장아장 걸음마를 처음 시작할 때 온 미국으로 온 딸아이도 무럭무럭 자라나서 어느새 초등학교 과정 직전의 유치원 Kindergarten에 입학하였다. 뉴잉글랜드 지방의 생활패턴과 문화적인 환경에 익숙해지고 나니 마음속 깊이 좀 더 큰 대도시로 나가서 건축수련을 하고 싶어졌다. 건축의 근본적인Fundamental 점을 깊이 있게 다루던 김태수 건축사사무소TSK Partners & Architects에서 강훈련을 바탕으로 더 넓은 세계로 나가고 싶은 마음이 꿈틀거렸다. 아내 역시 아티스트학위Artist Diploma Degree를 마치고 성악연주학 박사과정DMA에 도전하려고 마음을 굳히고 있었다. 그러나 성악연주학 박사과정DMA을 제공하는 대학교가 미국 전체에서도 몇 개 되지 않았다. 특히 미국동부 지역에서 우리가 가장 친숙한 뉴욕과 보스턴은 아내가 원하는 박사과정을 제공하는 학교가 없었다.

운 좋게 미국 건축사시험에 첫해 덜컥 합격하여 미국건축사협회AIA American Institute of Architects 회원이 된 후 우리는 가벼운 마음으로 로스앤젤레스로 휴가를 떠났다. 강렬한 햇빛과 건물 색채, 그리고 단순한 건축 디테일이 충격으로 다가왔다. 로스앤젤레스 지역의 최고 거장 건축가 프랭크 게리Frank Gehry 스튜디오에서 오랫동안 수석디자이너를 역임한 뒤 독립하여 활동하는 손학식 선생님과 임재용 후배 건축가와 만나서 건축계 이야기를 나누기도 했다. 딸아이를 데리고 간 해변, 샌디에이고 동물원과 테마파크에서 모두가 이국적인 분위기에 흠뻑 젖어

미국 샌디에이고 발보아파크 ⓒgettyimagesbank

가고 있었다. 아내의 박사과정 프로그램을 제공하는 서던캘리포니아
대학교University of Southern California도 방문 견학하였다.

운전하는 동안 자동차 스피커에서 흘러나온 음악은 학창시절 그렇
게도 좋아했던 가수 이장희가 '라디오 코리아' 사장이 되어 들려주는
1970, 1980년대 한국음악이었다. 한인타운 마켓에서 산 한국식 단팥빵
과 팥빙수를 먹으면서 우리는 자연스럽게 의견의 일치를 보았다. 맛있
는 한국음식과 한국음악이 널려 있는 캘리포니아주로 향하기로 했다.

눈발이 슬슬 휘날리기 시작하던 그해 11월 말, 나는 세계적으로 명성을
떨치기 시작한 'The Jerde Partnership Inc.(JPI)'라는 도시상업 건축설
계회사에 인터뷰하기 위해 로스앤젤레스에 도착하였다.

손학식 선생님께서 강력히 추천하여 주셨고, 코네티컷주에서의 5년간
의 수련과정도 충실히 해냈기 때문인지 연초부터 일해달라는 제의도
받았다. 즐거운 마음으로 JPI 사무실 문을 열었더니 바로 앞이 이름도
유명한 베니스 비치Venice Beach였다. 개방적인 분위기로 유명한 캘리포
니아주의 비치 중 가장 와일드하고 괴짜들로 넘쳐나는 곳이 베니스 비
치이고, 백사장을 앞마당으로 하여 JPI 사무실이 자리 잡고 있었다. 반
라의 젊은 남녀들로 넘쳐났고, 대낮부터 큰 비치 파티가 열린 듯한 분
위기였다. 인터뷰를 위해 양복에 넥타이를 맨 내 모습이 오히려 큰 구
경거리가 된 느낌이었다. 창문을 내리고 자동차를 타고 나오는데, 약간
매캐한 매연 냄새가 코끝을 자극하였다. 싫지만은 않은, 오히려 달콤한
악마의 유혹과 같은 기운이 맴돌았다.

자유분방한 베니스비치 거리

"그래, 나는 도시에 나왔다! 고로 나는 살아있다!"

한 시대를 풍미했던, 요절한 천재 수필가 전혜린이 주장하던 '아스팔트 킨트Asphalt Kind'가 되어 혼자서 중얼거리고 있었다.

eris万

건축가 존 저디^{Jon Jerde}와 그의 건축철학

1990년부터 1993년까지 일한 캘리포니아주 베니스 비치에 자리 잡은 존 저디 사무실만큼 나의 건축 인생에 크게 영향을 끼친 곳은 없다. 동부 코네티컷주에서 건축의 기초를 튼튼히 다졌다면, 캘리포니아주의 자유분방한 분위기 속에서 대상물Object로서의 건축을 넘어서 사람의 행위Human Activities를 담는 그릇Container, Stage으로 확대된 건축의 개념, 즉 장소 만들기Place Making의 개념을 배우고 경험한 시기였다.

존 저디는 텍사스 석유회사 노동자의 아들로 태어나서 아버지의 현장을 따라 유전지대를 수없이 떠돌아다닌 유년시절을 보냈다. 그는 가끔씩 동네에 오는 서커스단이나 회전목마시설 놀이터에서 여러 사람들이 모여 함께 무언가를 즐기는 즐거움에 대하여 무한한 환상을 갖기 시작했다. 불우한 환경임에도 그는 미술적인 소질을 살려 USC 건축학과를 졸업하고 당시 우수한 건축학과 졸업생을 선발하여 주는 특별한 상 '로마 펠로우쉽Rome Fellowship'으로 1년간 이탈리아 건축여행과 연구 기회를 갖는다. 그는 투스카니의 언덕에서 자생적인 아름다운 마을풍경을 보면서, 현대도시건축의 비인간화와 슬럼화 문제에 대한 해답의 실마리를 찾게 된다. 미국 로스앤젤레스로 돌아온 후 그는 굴지의 대형 사무실의 디자인 책임자로서 수백만 스퀘어 피트의 쇼핑센터 설계를 붕어빵 찍어내듯이 하면서 끝내 좌절하게 된다.

그는 클라이언트들에게 새로운 도심의 역할을 하는 쇼핑몰에 이탈리아 투스카니 지역의 아기자기한 외부공간을 예로 들며 사람의 행위를 중심으로 하는 쇼핑공간의 재해석을 주장하였다. 하지만 노회한 디벨로퍼들은 "꿈 많은 청년! 미안하지만 내 귀중한 자산을 자네의 환상에 투자할 수는 없네."라는 대답만 돌아왔다. 그래서 그는 30대 후반의 나이에 건축설계 업계로부터의 은퇴를 선언하고 만다.

상당한 세월이 흘렀고 미국의 손꼽히는 쇼핑몰 디벨로퍼 회사 '한컴퍼니Hahn Company'가 칩거 중인 그를 찾았다. 한Hahn 회장은 평소 당돌한 저디의 말을 흘려듣지 않고 있다가 샌디에이고 시장이 제안한 다운타

이탈리아 투스카니 언덕 ⓒgettyimagesbank

운 재개발 프로젝트 '호턴 플라자Horton Plaza'의 마스터플랜 안을 제안할 기회를 주었다. 저디는 통상적인 쇼핑몰의 개념을 뒤엎고, 각종 행위Activities와 경험Experiencing을 통해 재미있게 쇼핑을 즐길 수 있는, 하나의 시골마을 축제의 장을 만들어 놓았다. 평소 그를 따르던 다섯 명의 직원과 함께 집 주차장 스튜디오에서 세계를 놀라게 한 창조적 작품을 만들었다. 그들의 성공은 쇼핑몰 개장 첫해, 디즈니랜드의 연간 방문객 수를 능가하는 쾌거를 달성하면서 세계적으로 유명세를 타기 시작했다. 그는 이후 일본, 유럽, 중국 등 남극대륙을 제외한 모든 대륙에 수많은 작품을 남겼다. 그의 직원들이 창업하여 비슷한 개념의 확장을 계속하기도 했다. 존 저디는 2015년 75세의 나이로 세상을 떠났다.

저디는 나와 함께 어느 디벨로퍼의 초청으로 한국을 처음 방문하여 경상북도 문경 근처의 쌍룡계곡을 답사하였는데, 우리나라의 산세가 이탈리아 투스카니 지방 못지않게 아름답다고 극찬하였다. 그는 그때까지 유럽여행을 해보지 못했던 나의 가슴 속에 투스카니에 대한 무한한 환상을 심어 놓기도 했다.

2009년, '용산국제업무단지 국제현상설계'에 초빙되어 프레젠테이션 무대에 섰을 때 이미 그의 병세는 상당히 악화되어 있었다. SOM, 다니엘 리베스킨트Daniel Liebeskind, 노먼 포스터Norman Foster, 존 저디Jon Jerde, 아쉼토터Asymptote 등 세계적으로 쟁쟁한 경쟁자들과 치열한 프레젠테이션이 끝난 뒤 그는 참가작을 모두 오픈하여 건축가들이 서로 볼 수 있도록 하자는 다소 파격적인 제안을 하였다. 그 다음날 제출한 모형들

을 보관하는 곳으로 가게 되었는데, 계단을 오르는 그를 부축했더니 숨
이 차는 목소리로 정말 고맙다고 여러 번 말했다. 그때 나눈 대화가 그

미국 샌디에이고 호턴 플라자 ©gettyimagesbank

미국 샌디에이고 호턴 플라자 ©gettyimagesbank

와 마지막으로 대면하여 나눈 대화였다.

우리나라에도 수많은 작품을 남긴 그는 대상물 그 자체인 빌딩보다 빌딩과 빌딩 사이에서Between the Buildings 일어날 사람들의 행위 자체를 고민하고, 그 무대Urban Stage를 설계하였다. 그가 어린시절 그토록 바라고 그리던, 사람들이 모여서 즐거운 공간, 장소를 수없이 남긴 것이다. 3년의 짧은 시간이었지만, 그의 사무실에서의 배울 수 있었던 것은 크나큰 영광이었다.

귀국,
그리고 삼성에서 꾼
도시 건축의 꿈

정장환향
한국은 세계로, 세계는 한국으로

30대가 된 우리들은 로스앤젤레스에서 생활하면서 미국 사회에 익숙해지기 시작했다. 대부분의 유학생이 공부를 마친 뒤 적당한 시기에 기회를 잡아 귀국할지 아니면 영주권을 획득한 상태로 미국에 눌러앉아 살지 고민하는데, 우리에게도 역시 큰 고민거리였다.

캘리포니아주는 연중 화창한 맑은 날이 압도적으로 계속된다는 점에서 살기 좋았다. 그렇다 보니 도시생활 자체가 아웃도어 위주로 형성되고, 도시의 센터가 활기 넘치기 쉬운 조건을 갖추었다고 할 수 있다. 베니스 비치에 위치한 사무실로 처음 출근한 날, 해 질 무렵을 나는 평생 잊을 수 없다. 창밖 발코니 너머로 떨어지는 태양이 장엄하게 주변을 온통 붉게 물들였다. 사진에서는 자주 보았지만 바로 내 눈앞에서 그러한 현상이 벌어진다는 것이 믿기지 않았다. 문제는 매일 그 엄청난 광경이 눈앞에 펼쳐지니 사람의 감각이 무뎌져 날이 조금 흐리기만 해도 오늘은 별로라며 투덜거리게 된다. 아직 가보지 않아서 모르지만, 그리스 산토리니의 낙조는 어떨지 궁금하다. 물론 그 광경도 엄청나겠지만, 주민들에게는 아마도 익숙한 일상일 것이다. 도시는 성격에 따라 많은 관광객을 끌어 모으는 관광지가 되기도 하지만, 일상생활을 영위하는 대다수의 사람들에게는 적절히 변화하는 자연환경이 더욱 중요한 삶의 요소일 것이다.

사계절이 뚜렷한 온대 지역 날씨에 익숙해진 우리에게는 모든 것이 새롭고 신기하였다. 베니스 비치 인근에 프랑스식 이름의 큰 규모의 카페가 있었는데, 주말이면 주민들이 두툼한 신문 뭉치를 들고 와서, 커피를 한 주전자 가득히 시켜 놓고 천천히 시간을 보낸다. 테이블과 머리 위로 음식 부스러기를 주워 먹으려고 온갖 새들이 지저귀면서 왔다 갔다 한다. 낯설고 평화로운 풍경이었다.

어느 금요일 아침, 회사에 출근하니 주변 골목과 해변이 여성 란제리 패션으로 유명한 '빅토리아 시크릿'에서 광고를 찍기 위해 분주하였다. 젊은 혈기로 가득한 직원들이 온종일 책상 앞에 앉아 일에 집중할 수 있을 리 없었다. 창업 후 다운타운에서 사무실을 운영하다가 베니스 해변으로 이사를 온 지 얼마 되지 않은 때였다. 늘씬한 모델들이 촬영하는 모습을 보고 있던 고위 임원들은 와일드한 해변으로 사무실을 옮긴 것이 과연 잘한 결정이었는지 약간의 걱정에 잠겼다. 우려는 얼마 가지 않아 잠식되었다.

특히 주말이면 남녀노소 할 것 없이 많은 사람이 몰려들어 산책하고, 핫도그와 포테이토칩을 먹고, 다양한 행위들을 보고 즐기는 모습에 많은 직원들이 주말 특근 요청을 받지 않았음에도 자진 출근하여 하루 종일 열심히 일도 하고, 틈틈이 해변에서 즐거운 시간도 보냈다.

도시 활성화를 위한 디자인을 해야 하는 집단이 콘크리트 건물에 갇혀 있기보다는 극단적으로 개방된 자유로운 분위기에서 훨씬 창조적인 아이디어를 낼 수 있음은 불문가지不問可知일 것이다. (바로 이러한 점에서 로스앤젤레스와 뉴욕이 종종 대비된다.)

혹자는 캘리포니아주처럼 천혜의 날씨 속에서나 가능한 일이 아니겠냐고 말한다. 그렇지 않다. 유럽의 오래된 도심을 여행하고 연구해야 하는 이유가 바로 여기 있다. 유럽 구도심의 경우, 도심광장을 중심으로 마을 전체가 어떻게 형성되는지, 길을 연결하는 골목이 어떻게 희로애락이 넘치는 통로 구실을 하는지 똑똑히 보여준다. 나는 캘리포니아주에서 이를 몸소 느끼며 우리나라에도 아름답고 활력 가득 찬 도시를 가질 수 있지 않을까 하는 희망에 사로잡혔다.

어느 날부터 10여 명 정도 되는 그룹의 일본인들이 단체로 사무실에 나타나기 시작했다. 샌디에이고의 호턴 플라자 프로젝트의 대성공이 소문을 타고 세계로 퍼지자 일본의 디벨로퍼가 가장 먼저 저디 사무실을 찾아왔다. 후쿠오카의 폐쇄된 방직공장터를 복합시설로 개발하는 일을 회사에서 수주하게 되었는데, 십수 년 동안 이런저런 안을 받아보았지만, 썩 마음에 드는 것이 없어 고민하던 중 호턴 플라자를 보는

일본 후쿠오카 커낼시티 ⓒgettyimagesbank

순간 '바로 이거다'라고 하면서 똑같은 것을 후쿠오카에도 하나 설계해 달라고 의뢰했다는 것이다.

보통의 쇼핑센터와는 달리 저디가 가장 먼저 주목한 것은 부지 옆 개천이었다. 부지 주변 동네가 홍등가로 형성되어 있어서 폐쇄적인 건물로 접근하기 쉽지만, 그는 외부로부터의 집객을, 개천에서 물길이 부지 중심으로 흘러 들어가는 운하 형식의 개념을 펼쳐냈다. 즉, 이탈리아 베니스에서 운하를 따라 걸으며 쇼핑도 할 수 있고 레스토랑에 식사하러 가기도 하는, 골목이 크고 작은 광장을 만나면 거기서 작은 콘서트도

일본 후쿠오카 커낼시티 ©gettyimagesbank

열리고, 어린아이들이 뛰어 놀기도 하는 그러한 축제의 공간을 만든 것
이었다.

물론 수질이 좋지 않은 개천의 물을 직접 부지 내로 끌어들이지는 않
았다. 평균 깊이 30cm 정도의 운하 형태를 만들고, 최첨단의 각종 테
마 분수를 설치하여 보고 즐길 거리를 만들었다. 운하 중간에는 둥근
태양을 수직으로 반으로 쪼개어 지붕을 덮어놓은 듯한 중심광장을 만
들어, 광장에서 각종 공연과 이벤트가 펼쳐질 수 있도록 했다. 운하의
좌·우측에는 쇼핑몰이 형성되었고, 앵커시설로 집객력이 강한 백화점

과 뮤지컬극장, 호텔 등을 배치하였다. 이름도 '커낼시티Canal City'라고 짓고, 로스앤젤레스 올림픽 당시 도시 전체의 사인과 그래픽을 설계한 디자이너가 개천과 초승달이 어우러진 귀여운 로고를 디자인했다. 커낼시티는 버블경제가 막바지에 다다랐을 무렵에 설계가 시작되어, 버블이 붕괴되어 큰 혼란을 겪은 뒤인 1990년대 중반에 개장하였다. 우려와는 달리 결과는 대성공이었다.

많은 사람이 방문하여 매출을 많이 올린 것도 중요하지만, 도시환경적인 측면에서 바라보자면, 홍등가였던 일대 주변이 드라마틱하게 개선되어 지역 전체가 발전을 하게 되는 기폭제 구실을 하게 되었다는 점이었다. 개천 역시 정비 작업을 열심히 하여 수질이 개선된, 이름 그대로 개천이 되었다.

도쿄의 롯폰기힐스 프로젝트를 비롯하여 많은 프로젝트 의뢰가 들어와서, 주요한 손님들이 회의를 마치고 회의실 벽면에 매직펜으로 서명하게 되어 있었는데, 점차 일본인들의 사인이 눈에 띄게 늘었다. 우리나라에도 이런 복합시설이 지어져서 도심 환경이 개선되면 얼마나 좋을까 하는 생각이 부러움과 함께 차올랐다.

코네티컷주와 캘리포니아주에서 미국 건축사자격도 획득하고, 10년 가까운 실무경험도 쌓았다. 당초 유학을 떠나온 소기의 목적은 달성한 셈이고, 한창 성악 연주학 박사과정(DMA)을 이수하고 있던 아내는 좀 더 남아 학위를 마치기로 하면서, 우리 가족은 귀국을 결심하였다. 마침 그때 삼성그룹의 새로운 총수로 취임한 이건희 회장이 각 분야의 인

재를 국제적으로 모으고 있었고, 그 일환으로 그룹 산하의 건축설계팀
의 요직을 제안받았다.

되돌아보니 그 시점은 1993년 여름이다. 초등학교 4학년인 딸아이와
함께 하와이를 여행하고 서울에 정착하게 되었는데, 신혼여행 후 10여
년 만에 찾은 겨울의 설악산과 여름의 제주도는 한동안 잊고 지냈던
우리나라의 아름다움을 다시 느끼기에 전혀 부족함이 없었다.

세계적으로 크게 성공하여 돌아온 것은 아니지만, 고국에서 새로운 도
전을 한다는 사실에 설레는 마음이 컸다. 당시 우리나라 대부분의 직장
인이 싱글 정장에 넥타이를 매고 출근하였는데, 매일 청바지에 티셔츠
차림으로 베니스 해변을 헤매던 나로서는 큰 문화적인 충격이 아닐 수
없었다. 나는 금의환향이 아니라 정장환향을 한 셈이다.

'삼성의 신경영'과
함께한 건축가

삼우설계

1993년 귀국 후 첫 무대는 삼우설계와 함께한 삼성의 주요 프로젝트였다. 창업주 이병철 회장이 타계한 후 취임한 이건희 회장이 '마누라와 자식만 빼고 모두 바꾸자'라는 슬로건과 함께 '신경영'을 외치던 때였다. 아침 7시 출근부터 팀원 모두가 같이 있고, 점심시간마저 같이 나가서 밥을 먹는 등 미국식 개인주의에 상당히 익숙해진 상태인 나는 또 하나의 새로운 문화적 갈등을 겪어야 했다. 그러나 나의 몸속에는 어쩔 수 없는 한국인의 피가 흐르고 있어서인지 한국 고유의 사회적 문화에는 쉽게 적응하였다.

삼성 이건희 회장은 세계 최고의 기업군으로 도약하기 위해 최고의 생산품질과 그 기준의 글로벌화와 복합화를 내걸었다. 5년 동안 재직하며 담당하였던 '삼성본관 리노베이션 및 로댕갤러리'와 '서초 복합단지' 프로젝트는 이러한 기조 아래에 야심 차게 진행되었다. 최고의 프로젝트를 만들기 위하여 세계 최고의 디자이너와 컨설턴트들과의 협업은 물론이고, 비슷한 경력과 배경을 가진 각 분야의 삼성 인재들과 미국 뉴욕과 로스앤젤레스를 비롯하여 프랑스, 독일, 오스트리아 산골 마을까지 세계를 누비며 일할 기회를 가졌다. 삼성본관과 로댕갤러리는 완성되어 국내외적으로 우리나라의 건축 위상을 높이는 계기가 되었다. 그러나 1997년 11월 말, 불어 닥친 IMF 외환위기로 도곡동 초고층 랜드마크 복합단지, 운현동 삼성미술관 등의 프로젝트와 함께 서초동 복합단지를 페이퍼 건축 상태로 남겨놓게 되었다.

개인적으로 나는 당시 삼성그룹 이건희 회장이 제시한 '신경영 비전'에 대해 크나큰 존경심을 갖고 있다. 갑작스레 삼성의 모든 의식과 생산품질을 세계 최고 일류로 만들라고 했으니, 당시 분위기로는 실현 불가능할 것 같았지만 불과 20년도 되지 않아 삼성은 난공불락의 세계 최상위 그룹으로 우뚝 서 있다. 귀국 후 5년간 삼성과의 경험은 이후 나의 건축 인생에도 크게 영향을 미친다.

삼성본관 리노베이션 및 로댕댈러리 신축

1970년대 중반에 지어진 삼성그룹 본관 건물과 1980년대 중반에 개관한 삼성생명 사옥 빌딩, 그리고 1990년대 중반에 갓 지어진 태평로 빌딩을 포함한 일대는 남대문에서 광화문까지 이르는 태평로 거리의 상징이자, 세계적인 기업군으로 막 도약을 시작한 삼성그룹의 핵심 헤드쿼터였다. 그러나 지어진 후 20여 년이 지나 기능적으로 낙후된 부분을 업그레이드할 필요가 있었다. 세 개의 독립적인 빌딩을 서로 긴밀히 연계하여 삼성의 심장부 역할을 맡고 있음 강조하고, 자칫 권위적인 건물로 인식될 수 있는 문제점들을 탈피하여 시민들에게 좀 더 친숙하게 다가설 수 있는 환경을 조성하는, 상반된 성격일 수 있는 목표를 융합적으로 달성하는 것이 목표였다.

귀국한 지 얼마 되지 않았던 나는 프로젝트 책임소장으로 임명되어 설계 업무를 총괄하였다. 수년 동안 몇 가지 설계안이 국내외적으로 제안되었지만, 빌딩 자체 개조 안의 범주를 넘지 못하고 있었다. 창업주가 정성을 기울여 세운 본관 건물에 손 대야 하는 것이 2세 회장 및 관계자들에게 얼마나 큰 부담이 되었는지 느낄 수 있었다.

먼저 권위적이고 딱딱한 이미지의 본관 입구와 로비 분위기를 좀 더 밝고 미래지향적인 분위기로 바꿔야 했다. 그 다음, 삼성 본관과 삼성생명 건물의 지하에 형성되어 있는 상가(당시 이름이 '동방 플라자'였던 것으로 기억한다.)를 개선하여 활성화하는 것이 목표였다. 또한 삼성문화재단이 소장하고 있던 로댕의 조각 작품들을 전시하여, 일반 시

삼성본관 리노베이션

민들에게 공개하는 것이 또 하나의 중요한 설계 목표였다. 그룹 내 관
계사들로부터 차출되어 온 멤버들이 모여서 TF팀이 구성되었고, 각종
민감한 현안을 조정하고 결정하기 위하여 수뇌급 임원 협의체도 동시
에 구성되었다. 각 빌딩의 소유주인 삼성물산, 삼성생명 외에도 지하유
통시설은 삼성물산, 식음시설은 호텔신라, 공사 담당은 삼성건설, 그리
고 TF팀 총괄을 빌딩 관리사 에버랜드의 임원이 맡았고, 나는 설계사
인 삼우설계에서 설계 업무를 총괄하였다.

우선 논의된 사항을 정리하여 업무의 범위를 명확히 하였고, 프로젝트의 위상과 최고의 결과를 얻기 위하여 세계적인 디자인 회사들과 협업하였다. 삼성본관 로비와 외부 입면 설계를 뉴욕의 KPF가 담당하고, 지하상가 전체와 삼성생명 로비 및 상가 입구 설계를 로스앤젤레스의 JPI 존 저디Jon Jerde가 담당하기로 했다. 식음시설 및 유통시설 내부 인테리어와 통합적 사인 디자이너 등 인터내셔널 팀으로 구성하였다.

많은 논의 끝에 결정된 설계안은 다음과 같다.
첫째, 딱딱한 본관 입면을 전부 걷어내고, 유리 기둥이 유리벽을 지탱하는 전면 투명유리 시스템으로 교체하여 내외부가 훤히 보이는 밝고 투명한 분위기를 연출하였다. 외관의 시각적인 이미지도 좀 더 미래지향적인 면을 표출하게 되었다. 로댕 갤러리도 100% 투명유리 구조로, 여성 발레리나(유리 외벽 구조물)가 남성 발레리노(로댕 작품 '지옥의 문') 주변을 맴돌며 춤추는 모습을 형상화한 설계안을 KPF가 제시하였다.
둘째, 지하상가는 진입시스템을 과감히 개선하였는데, 메인 로비 지상부 1, 2층과 지하 1, 2층을 크게 뚫는 꽤 큰 아트리움 스페이스를 JPI에서 제안하였다. 요즈음은 많이 바뀌었으나 예전의 유통업계, 특히 전통적인 일본식 백화점의 상품 구성과 운영방식에 기반을 둔 업계에서는 일종의 미신처럼 신봉하는 몇 가지 이론이 있었다. 그중 하나가 유통시설의 주 출입구는 주 진입도로에 바짝 붙어 있어야 한다는 것이었다.

로댕갤러리 ©삼우설계

조금이라도 길에 가까이 붙어 있어야 한사람이라도 더 시설로 끌어 들일 수가 있다는 이론 때문이다.

그러나 우리는 JPI가 제안한 새로운 이론을 적용하기로 결정하였다. 상층부의 사무실 타워 이용자들을 고려하여 메인 로비의 지하, 지상 도합 4개 층 높이의 새로운 아트리움Atrium을 형성하고, 주 출입구 외관을 각종 이벤트가 가능한 테마광장으로 설정하여 국내에서 처음으로 바닥분수를 설치하였다. (이는 외부 광장의 활발한 액티비티를 자연스럽게 내부 로비와 지하상가로 끌어들이자는 의도였다.)

유리구조물의 디테일 설계 및 시공을 세계최고의 권위를 가진 독일의 커튼 월 업체 '가트너Gartner'에게 맡기고, 본관 입면을 구성하는 유리 파사드는 오스트리아 업체가 맡기로 하였다. 독일과 오스트리아 업체와의 협의를 위하여 유럽 출장이 시작되었고. 두 업체 모두 대도시가 아닌 작은 도시에 자리 잡고 있어서 더욱 더 새로운 느낌의 유럽 여행이 되었다. 오스트리아 비엔나Vienna 구도심에 슈테판 성당Stefan Cathedral을 중심으로 형성된 아름다운 쇼핑 거리를 체험하였고, 추운 겨울임에도 불구하고 활기찬 외부 쇼핑 거리에 넘쳐나는 열기가 도시 활력의 근본임을 느꼈다. 독일의 뮌헨의 구도심 또한 마찬가지 구성이었다. 인테리어 석재의 선택을 위하여 프랑스와 이탈리아 석산 출장이 이어졌다.

나는 그동안 상상만 하던 유럽의 작은 마을의 아름다운 골목을 틈틈이 걷고 또 걸었다. LA에서 다녔던 사무실 JPI 존 저디Jon Jerde사장이 그렇게 느꼈다던, 슬럼화 되어가는 현대도시의 해결점이 나에게도 어렴풋이 느껴지기 시작하였다. 수백 년 이어져 오는 끈끈한 서민들의 삶에서 필요로 하는 것들이 공동체 모두의 노력으로 만들어지고 다듬어졌다. 그것이 바로 심장과 같은 광장이요, 핏줄과 같은 골목이었다. 단지 집과 집을 이어주는 기능적 복도와 같은 골목이 아니라, 사람들의 희로애락, 즉 사람 살아가는 소리와 냄새가 가득한 골목길이 우리 몸의 척추같이 동네를 지탱하고 있음을 몸소 겪었다.

뉴욕에 위치한 KPF와 로스앤젤레스에 위치한 JPI에서도 많은 협의가 열렸다. 그야말로 세계 최정상급의 컨설턴트들과 최선을 다하여 일하다 보니 어느새 프로젝트는 끝나가고 있었다. 1997년 11월 말, 우리나라는 IMF 외환위기라는 초유의 사태를 맞이하였는데, 그 소용돌이가 막 시작되는 시점에 삼성본관 리노베이션 프로젝트는 개관하였다. 그리고 나는 어려움을 극복하고 세계무대로 도약하는 삼성을 묵묵히 지켜보았다. 23년이 더 지난 최근에서야 프로젝트 사이트Site를 방문하였다. 반가운 마음으로 내외부를 둘러보았지만, 빌딩 주인이 바뀌어 보석을 깎듯 설립한 로댕갤러리도 텅 비어 있었다. 어찌 되었든 국내에서 나의 첫 번째 국제협업International Collaboration은 이렇게 완성되었고, 삼성본관 일대는 서울시의 중심축인 세종로의 명물로 구실을 다하고 있다고 믿는다.

삼성 서초 복합시설

나에게 주어진 또 하나의 큰 기회는 강남역 사거리에 위치한(현재 삼성전자와 삼성생명 사옥이 위치한) 부지 개발을 위해 건축설계를 주도하는 것이었다. 귀국 후 삼우설계에 합류하여 가진 건축 관련 첫 번째 회의는 바로 이 프로젝트와 관련된 협의였다. 여러 부지로 쪼개져 있던 작은 나대지를 하나씩 모으기 시작한 지 거의 20여 년이 지나 본격적인 개발을 시작할 시점이었다.

그룹의 패션, 엔터테인먼트 등 감성적인 사업의 발신기지의 구축을 기본으로 하고, 강남역 일대에 젊은이들이 즐길 거리가 이미 어느 정도 형성되어 있는 거리에 엔터테인먼트적 성격을 한층 업그레이드하는 복합시설을 만드는 것이다. 이때까지 관심을 갖고 집중해온 주제들을 마음껏 펼쳐볼 기회였다. 기존의 활발한 거리 분위기를 도로 너머 부지에 연결되도록 설정하여, 전체 부지의 중심이 거리의 몰Mall이 되도록 컨셉을 발전시켰다. 당시까지만 해도 일본식 백화점 문화가 유통시설 구성의 기본 컨셉으로 자리 잡고 있을 때라, 반론도 만만치 않았으나 해외의 성공사례를 들면서 조금씩 변화를 모색하였다. 마침 로스앤젤레스의 JPI에서 디자인한 일본의 커낼시티 프로젝트와 롯폰기힐스 프로젝트가 한창 진행 중이고, 이를 한국에서도 주의 깊게 살피고 있어서 머지않아 한국에도 변화의 바람이 크게 불 것으로 기대하고 있었다.

논의 끝에 삼성본관 지하쇼핑 및 식음시설 부분을 담당하고 있던 JPI와 협업하여 추진안을 결정짓기로 하였다. JPI는 한 수 위의 파격적인 안

을 제안했다. 프로젝트의 주인공이 되는 몰을 일종의 언덕을 타고 올라
가는 S자 형태의 곡선으로 하고, 좌우의 상가가 들어서는 공간은 테라
스가 계속되는 컨셉이었다. 결과적으로 강남의 한복판을 휴식을 곁들
일 수 있는 계단식 공원이 있는 거대한 엔터테인먼트 테라스 언덕마을
로 만드는 것이었다.

그룹의 회장님에게 보고를 마친 뒤 드디어 첫 삽을 뜨기 위한 본설계
를 기다리고 있었지만, IMF 사태라 불리는 경제위기는 우리나라의 모

삼성 서초 복합시설

든 분야를 뿌리째 흔들어 놓았고, 삼성 서초 복합시설 역시 이를 비껴
갈 수 있는 상황이 아니었다. 도곡동 삼성전자 본사사옥 등 추진되던
주요 프로젝트가 거의 동시에 멈췄고, 전혀 다른 차원의 활로를 모색하
는 상황으로 급변하고 있었다.

청담동
골목에서 꾼
독립 건축가의
꿈

IMF,
위기는 기회다
RAC Rah Architecture Consulting

1998년 초, 삼성본관 프로젝트로 현장사무실과 본사사옥을 왔다 갔다 하던 나는 본사에서 담당하고 있는 모든 프로젝트를 점검하고 새로운 길을 모색했다. 역사상 유례없는 전 국민의 금 모으기 운동 등으로 갑자기 불어 닥친 경제위기를 극복하기 위해 모두 애쓰고 있지만, 근본적으로 우울한 날들이 계속되고 있었다.

사실 나는 삼성그룹에서 추진하던 프로젝트들이 탄력을 받아서 잘 진행된다면, 그 프로젝트의 설계책임자로 승부를 걸어볼 작정이었다. 그러나 도곡동 삼성타운, 운현동 삼성미술관을 비롯하여 서초동 삼성복합타운까지 예외 없이 중단되었고, 생존을 위한 새로운 차원의 전략이 논의되기 시작하였다. 당시에 새로웠던 '복합화' 개념을 더 이상 추구할 분위기는 못 되었고, 도곡동 부지는 고급 주상복합타운으로, 서초 프로젝트는 단순업무 빌딩군으로 방향을 틀었다.

거리에는 실업자들이 넘쳐났고, 직장에 다니는 것만으로도 감사하며 살아야 하는 상황이었다. 중산층이 상당히 붕괴되었다. 봄이 지나고 여름이 오는 동안 고민에 고민을 거듭했다. 1958년 개띠 해에 태어난 나에게 1998년은 40대가 시작되는 해이기도 하였다. 이점도 나의 머리를 아주 복잡하게 만들었다. 건축가가 되고 싶어 하는 사람들은 언젠가는 독립된 건축가를 꿈꾼다. 이대로 40세를 넘기면 독립된 건축가의 길을 시작할 수 있을까 하는 마음이 나를 짓누르기 시작하였다.

삼복더위가 한창일 무렵, 아내에게 내 생각을 털어놓고 독립 건축가의 길을 선언하였다. 통장의 돈을 이리저리 모아서 일단 미국 여행길에 나섰다. 샌프란시스코, 로스앤젤레스, 그리고 뉴욕까지 다니면서 같이 일하던 동료, 컨설턴트, 건축주가 될 수 있는 사람들을 만났다. 그러면서 스스로 얼마나 무모한 일을 하고 다니는지 느끼기 시작하였다. 그렇지만 이미 돌아올 수 없는 강을 건너버렸다. 뉴욕에 출장 올 때마다 놓치지 않고 보았던 뮤지컬을 보면서(그게 아마도 뮤지컬 '시카고'였던 것 같다.) 내 힘으로 사무실 운영하면서 이런 문화생활을 향유할 수 있을까 하는 걱정이 앞서다가 오히려 오기가 생기기도 하였다. 오히려 문화생활을 아주 많이 즐기리라 스스로 맹세하였다.

예전에 JPI의 보스가 복합영화상영관 체인인 AMC에 나를 소개해주었다. 그들은 한국에 처음으로 복합상영관 사업을 진출하기 위하여 준비하고 있었는데, 홍콩지사에서 그 일을 담당하고 있었다. 미국여행에서 돌아온 지 얼마 되지 않아서 홍콩에 연락하고 상담을 진행하였으나, 그들이 처음 개관을 검토하던 장소를 국내 굴지의 경쟁사에게 넘기고 한국진출의 의사를 거둬들이고 말았다. 첫술에 배가 부를 수는 없었다. 아내는 박사학위를 마치고 돌아와서 이곳저곳 강의를 나가고, 틈틈이 성악레슨으로 묵묵히 가정을 지키고, 남편의 사업 안착을 도와주었다. 아내에게 정말 고맙기도 하고, 또 미안하기도 했지만 다른 도리가 없었다. 복잡한 귀성길을 피하여 날짜를 앞당겨 고향인 대구에 다녀왔던 나와 아내는 추석 연휴가 되어 딱히 할 일이 없었다. 청담동 뒷골목에 솥뚜껑 삼겹살집 2층에 마련한 자그마한 스튜디오에 나가서 이런저런 책을 뒤적거렸다. 건축가 후배 두 명과 함께 공동으로 쓰고 있는 사무실인데, 하루 종일 전화 한 통 울리는 소리가 들리지 않았다. 싸 온 도시락을 점심으로 먹으면서 우리는 허탈한 웃음을 지을 수밖에 없었다.

다가온 겨울, 부탄가스 난로를 피워 놓고 겨우겨우 사무실을 꾸려가고 있을 때 청담동 인근 주택 증축 및 개선 작업 의뢰가 들어왔다. 그리고 예전에 협업했던 독일 회사와 함께 코엑스 콤플렉스의 푸드코트 피라미드 글라스 루프 부분 설계와 엔지니어링 업무를 공동 제안하여 수주하였다. 세계적인 회사 파트너를 동원하기에는 규모나 내용 면에서는 문제가 있었으나, 한 번 구축해 놓은 신뢰를 바탕으로 도와 달라는 제안을 그들은 선뜻 받아들였다. 우여곡절이 없지는 않았지만 말이다. 정말 세상은 죽으라는 법은 없는 모양이었다.

밑바닥 보보스^{BOBOS}와 본격적인 유럽골목 체험

유행하던 신조어 중 '보보스^{BOBOS}'라는 말이 있었다. '보헤미안 Bohemian'과 '부르주아Bourgeois'의 줄임말로, 전통적인 부유층의 모습과는 다른 자유로운 영혼의 신흥 상류계급, 즉 젊은 전문직 등에 종사하는 새로운 계층을 일컫는 말이었다. 영혼은 보보스지만, 주머니 사정은 받쳐주지 않는 문화 예술계 계통에 종사하는 많은 사람들을 '밑바닥 보보스' 또는 '깡통 보보스'라고 불러야 한다는 칼럼을 누군가 신문에 게재하였다.

그 당시 우리는 깡통 보보스 그 자체였다. 지하의 가정식 백반집에서 점심을 먹은 뒤 근사한 카페에서 막 유행하기 시작한 카푸치노를 마셔야 하는……. 지금은 너무나 흔한 풍경과 일상이 되었지만, 1990년 대 말 대한민국은 IMF 사태라는 극단의 위기 속에서도 정보통신 혁명과 문화적인 혁명이 진행되고 있었다. 카푸치노, 와인, 벤처, 닷컴 등 똑똑하고 끈질긴 우리나라 사람들은 다시 살아나고 있었다. 그리고 나는 '보보스 정신으로 나를 무장하리라'고 다짐하고 있었다.

루이비통 플래그십 스토어와 갤러리아 백화점 파사드

태국 방콕에 삼성건설과 함께 턴키 프로젝트Turn-key Project를 수주하러 출장을 가서 알게 된 하 사장님으로부터 연락이 왔다. 그도 삼성에서 나와 국제적으로 명성을 얻고 있는 영국계 종합 엔지니어링 회사인 '오베 아룹Ove Arup'의 지사장을 맡고 있었는데, 나에 대해 상당히 호감을 갖고 '오베 아룹'과 연계한 프로젝트를 연결해 주시려고 애쓰셨다.

김태수 선생님께서 공간 사옥 강당에서 특별 강연회를 열고 계신 도중 황급히 전화벨이 울렸다. 프랑스계 유통기업이 한국에 본격 진출하면서 도와줄 인터내셔널한 백그라운드를 가진 로컬 건축가로 나를 추천했는데, 홍콩에서 출장 온 담당 책임자가 지금 당장 나를 면담하고 싶어 한다는 것이다. 그녀는 루이비통의 아시아 총괄 오피스가 있는 홍콩에서 일본·한국·홍콩 등 아시아 지역 스토어 디자인과 공사를 총괄하는 수 로리Sue Loughry라는 이름의 호주태생의 여자 매니저였다. 하 사장님이 건축주의 요청을 받아들여 루이비통이라는 이름을 노출하지 않았던 것이다.

그녀는 줄담배를 피우며 말하기를 한국의 대형 인테리어 회사를 거의 다 인터뷰하였는데, 한결같이 그들은 자기네들이 수주하게 되면 디자인은 공짜로 서비스하겠다는, 한국에서 통상적으로 오고 가는 거래조건을 내밀었다고 한다. 설계관련 종합예산을 평당 100만 원 이상 써가며 최고의 품질을 추구하고 있는 클라이언트에게 공짜 서비스는 실례가 되는 제안이었다.

그녀는 회사 규모에 관계없이 자기 프로젝트를 위하여 목숨 바쳐 최선을 다할 팀을 찾고 있었다. 나는 모든 것을 솔직히 털어놓았다. 그때의 나는 변변한 직원 한 명 없었으나, 프로젝트 부지가 엎어지면 코 닿는 곳에서 매일 현장을 내 집 드나들 듯 지키겠노라고 말하였다. 그리고 삼성 본관 일을 하면서 세계적인 컨설턴트들과 협업하여 만들어 낸 결과물을 소개하고, 로댕갤러리 등의 이야기를 보스의 호소인답게 유창히 풀어 놓았다.

프로젝트 내용은 청담동에 기존 건축물을 인수하여 리노베이션한 한국 스토어 전체를 관장하는 플래그십 스토어를 완성하는 것이다. 파리와 뉴욕의 디자이너가 전체적인 기본 디자인 컨셉을, 일본 동경에서 인테리어 도면 작업을, 홍콩의 오베 아룹이 프로젝트 총괄 매니지먼트를 담당하는 팀 구성이었다. 그녀는 나에게 용역비 제안서를 PM사인 오베 아룹에 제출하라고 하고서는 홍콩으로 황급히 떠났다. 시간이 꽤 지난 후 PM인 오베 아룹으로부터 연락이 왔고, 상황을 체크할 겸 홍콩으로 날아갔다. 오베 아룹의 어드바이스를 받아들여 제안한 용역비의 절반을 낮추었다. 그리고는 한동안 아무런 이야기가 없었다. 죽기 아니면 까무러치기의 심정으로 파리본사를 찾아가서 나야말로 당신들이 원하는 조건에 가장 적합한 사람임을 어필하였다. 호기롭게 아내를 위해서 루이비통 가방도 하나 사서 돌아왔다. 슬슬 더위가 시작되는데 여전히 아무런 소식이 없었다.

주택 증개축 현장 마무리를 위하여 청담동 뒷골목을 터벅터벅 걸어가

서울 루이비통 플래그십 ⓒgettyimagesbank

고 있는데, 홍콩의 수 로리로부터 전화가 왔다. 내가 제시한 것과 동일한 업무 범위에 수정 제안한 가격의 절반 가격으로 일하겠다는 대형규모 사무실이 있다는 것이다. 나는 생각할 겨를 없이 용역비 제안을 수용하면 언제부터 일할 수 있냐고 애써 마음을 가다듬고 물었다. 그녀는 당장 지금부터라고 답했고, 당초 내가 제안하였던 금액의 4분의 1 가격으로 용역비가 책정되었다. 조정된 금액도 당시 한국 현실에 작은 설계

비는 아니었다. 유럽 디자이너들과 일하면서 한땀 한땀 수작업을 해야 한다는 사실을 익히 알고 있었기에 제안한 용역비였지만, 경쟁의 세계에서 살아남기 위해서는 어쩔 수 없었다.

나는 삼우설계에서 같이 일을 하지는 않았지만, 건축적인 재능을 소유한 성실한 후배 동료 이봉희를 소장으로 영입하였다. 갓 대학을 졸업한 신예 3명 등을 포함하여 도합 5명의 인원으로 본격적으로 일하기 시작하였다. 존 저디도 5명의 인원으로 시작하였다는 사실을 떠올리며 자신을 다독였다.

일본 도쿄와 나고야에 있는 플래그십 스토어를 면밀히 살펴보았고, 홍콩에서 컨설턴트들이 모두 모여 업무를 협의하였다. 그 당시 살아계시던 나의 어머니께서 "하이고 아이야, 일본말 한마디 못하면서 우째 일본을 돌아 다니노?"라고 걱정하시기도 했다. 신나는 생활이 시작되었다. 우리는 거의 매일 사무실 맞은편에 있는 중식당에서 볶음밥과 군만두를 먹으며 솥뚜껑 삽겹살집이 있는 2층에서 밤낮으로 일하지만, 커피만은 청담동 카페 골목에서 카푸치노를 마셨다. 왜냐하면 우리는 깡통 보보스였으니까…….

수제품을 만드는 듯한 공정이 완성되어 마침내 그랜드 오프닝을 하게 되었다. 소위 말하는 셀러브리티들이 모이는 화려한 파티도 처음 보게 되었다. IMF 사태로 폭락한 부동산이 외국인 손에 넘어가서 화려한 부티크 건물로 재탄생 되는 모습을 보며 마음 한구석이 무겁기도 했지만, 우리 손으로 청담동 명품거리에 고품격의 건물을 완성했다는 성취감

갤러리아 백화점 파사드

을 느꼈다.

루이비통 플래그십 스토어 프로젝트가 성공적 마무리되어감에 따라

몇 가지 비슷한 성격의 일을 하게 되었다. 이탈리아 남성복 브랜드인

제냐Zegna와 브룩스 브라더스Brooks Brothers의 플래그십 빌딩 프로젝트

를 맡았고, 네덜란드의 떠오르는 신예 건축가 유엔 스튜디오^{UN Studio}와
갤러리아 백화점 파사드 교체 작업도 같이하게 되었다. 어느새 청담동
명품거리에 우리의 노력을 네 군데나 남겼고, 특히 드라마나 영화, CF
의 배경으로 이 건물들이 나올 때는 은근히 미소가 떠올랐다.

통영국제음악당 콤플렉스

제주도의 관광개발 컨설팅을 하는 지인으로부터 연락이 왔다. 통영시 충무관광호텔 부지에 세계적으로 명성을 얻은 재독 한국인 음악가 윤이상을 기리는 콘서트홀, 호텔, 콘도, 각종 부대시설 개발 사업 참여를 의뢰 받았다. 시행사를 주축으로 개발추진팀이 구성되었고, 나는 마스터플랜을 비롯하여 건축설계를 총괄하기로 하였다.

아직 영업을 하고 있던 충무관광호텔에서 바라본 새벽의 한려수도는 한 폭의 동양화 그 이상이었다. 나는 콘서트홀 빌딩 그 자체보다 필요한 모든 건물의 액티비티가 모이고 또 흩어지는 장소, 즉 액티비티의 심장역할을 하는 장소로 야외 원형극장을 설정하고 이를 중심으로 모든 시설이 빙 둘러싸는 형태의 레이아웃을 시도하였다. 원형극장에 있는 사람들의 동선이 자연스럽게 콘서트홀 지붕으로 연결되어 아름다운 한려수도를 조망할 수 있는 시민광장이 될 수 있게끔 하였다.

당시 통영의 진의장 시장이 우리의 컨셉을 높게 평가하여 투시도를 집

통영국제음악당 콤플렉스

통영국제음악당 콤플렉스

무실 벽에 걸어 놓고 통영에 추진할 만한 프로젝트를 이야기하기도 했다. 아름다운 한려수도를 품에 안은 통영 바닷가에 평소 이상적으로 생각하던 컨셉을 듬뿍 담은 우리들의 작품이 들어선다는 사실이 꿈인지 생시인지 알 수 없었다. 그러나 시행사는 끝내 투자금 유치에 성공하지 못했다. 이후 몇 년의 표류 끝에 복합단지로서의 개념은 포기한 채 콘서트홀과 호텔/콘도 건물이 제각각 들어서게 되었다. 안타까운 일이 아닐 수 없었다.

부산 해운대 오페라시티와 달맞이 AID 아파트 재건축

통영의 진의장 시장이 적극 추천하였다고 말하며 부산에서 디벨로퍼 그룹의 사람들이 찾아왔다. 그들의 프로젝트는 한국 콘도 부지를 포함한 옛 군부대 부지^{현재의 엘시티} 프로젝트를 개발하는 것이었다. 마스터플랜 계약을 맺고서 곧장 작업이 시작되었다. 관광호텔과 관광시설만 허용되는 곳에 대규모 초고층 아파트를 개발하는 일이었는데, 현재의 허용되는 용도와 개발 목표로 삼는 용도의 차이가 커 현실적으로 다가오지 않았다. 개발팀들은 공공성 확보와 대규모 개발의 논리 전개를 위하여 해변 오페라 센터를 제안하였다. 마스터플랜은 그런대로 잘 나왔으나, 사업은 의미 있는 전진을 한 발자국조차 내딛지 못한 채 현재의 시

부산 해운대 오페라시티

행사 오너에게 넘어갔다.

대형 스케일의 도심 프로젝트들이 반복적으로 성사되지 못하자 슬슬 근본적인 한계를 인식하기 시작하였다. 소형 설계사무조직에서 대형 도심 프로젝트의 진행하기 위해서는 매번 사무실의 전력을 다해야 하는 부담이 컸다. 그러던 도중 부산시 도시공사에서 달맞이 언덕에 지어진 지 오래되어 낙후된 AID 아파트 단지의 국제공모가 발표되었다. 부산 프로젝트에 대한 마지막 도전으로 생각하고 참가를 결정하였다. 답사를 마친 뒤 컨셉 잡기에 돌입했다. 6·25 이후 미군 골프장이 있던 달맞이 언덕이 5·16 이후 민간 주택단지로 개발이 되었으나, 수려한 풍광을 하나도 제대로 살리지 못한 채 마을이 형성되었다. 게다가 언덕 꼭대기 부지에 AID 원조자금으로 지어진 대규모 아파트단지가 있어서, 도시 스케일상으로도 부조화의 극치를 이루고 있었다.

보통 아파트 단지를 설계할 때 대부분 근대건축의 대가인 르코르뷔지에가 주장한 이론을 많이 따르는 것이 대세였다. 즉, 아파트 동 개수를 최대한 줄이는 대신 오픈 된 녹지공간을 많이 확보하는 것이다. 경제성 확보를 위하여서는 주어진 법규의 테두리 내에서의 최대 용적 확보는 피할 수 없는 요구다. 그렇게 되면 자연스럽게 균형이 맞지 않는 대규모 초고층빌딩이 언덕 꼭대기에 우뚝 들어서서 언덕바지의 아기자기한 주택들과 부조화를 이루게 되는 일은 불 보듯이 빤하다.

나는 달맞이 언덕 고유의 골목길 특성을 살리는 것이 가장 중요하다고 생각을 정리하였다. 어차피 언덕 꼭대기까지 다다르려면 구불구불한

부산 해운대 달맞이 AID 아파트 재건축

골목길을 올라와야 하는 것은 피할 수 없는 상황이다. 따라서 주택단지 안에서도 보행자들이 걸어 다니는 저층부에서는 광활한 광장 보다는 골목길 개념을 계속 이어지게 하는 것이 옳은 방향이라고 생각하였다. 용적 확보를 위한 타워 부분도 더 작은 스케일로 분절하여, 스케일이 크지 않은 여러 개의 타워들로 구성되게끔 하였다.

안이 어느 정도 형태를 잡아갈 무렵 어느 날, 나는 한양대학교 도시대학원에서 도시설계 수업을 같이 진행하던 후배 강사에게 진행 안에 대한 검토와 의견을 구하였다. 그는 도시설계와 아파트설계를 많이 하는 사무실의 이사이기도 하였다. 나의 설명을 한참 동안 경청하던 그는 담배 한 대를 물어 불을 붙이고 서는 나에게 다음과 같이 말했다.

"선배님, 왜 이렇게 애써 힘들게 사십니까?"

나는 통상 주거단지 설계현상 심사에서 동 개수가 작은 안부터 선별해 나간다는 이야기를 수도 없이 들었지만, 달맞이 언덕에서는 맞지 않는 생각이라 믿었고, 10년 뒤 주민으로 살게 된 이후에도 언덕 꼭대기에 툭툭 들어서서 위압적인 모습의 단지를 볼 때마다 내 생각이 틀리지 않았음을 확신한다. 특별히 많은 사람들이 골목을 살려야 한다고 이곳저곳에서 외치는 요즘에는 더더욱 말이다.

유럽 골목에
심취하기
시작하다

10여 년의 미국 생활과 귀국 이후 5년 간 삼우설계에서의 시절, 그리고
10여 년 간의 나의 독립 건축가 RAC 시절을 거치는 동안 여러 면에서
많은 발전을 하고, 변화가 있었다. 그중 가장 값진 깨달음과 경험 중 하
나는 유럽의 아기자기한 골목길 체험이었다.

여러 번에 걸쳐 유럽의 디자이너와 컨설턴트와의 협의를 위해 출장을
갈 때 틈을 내서 골목길과 사람들이 많이 모이는 장소를 골라서 걸었
다. 프랑스 파리의 샹젤리제의 거리도 멋있었지만, 석재 선택을 위하여
방문한 소도시 디종Dijon의 골목길을 걸으며 그 아름다움에 완전히 매
료되었다.

유리구조물 제작업체 가트너Gartner의 사무실과 공장이 있는 독일의 작
은 도시 긴즈버그Günzburg, 뮌헨München의 중심 보행거리, 오스트리아

독일 뮌헨 ⓒgettyimagesbank

비엔나Vienna, 잘츠부르크Salzburg, 그리고 유리구조물 디테일 설계 작업
이 진행되던 알프스 산자락의 작은 마을 슈타이어Steyr의 골목길과 그
풍광은, 미국과 일본의 모더니즘 적인 도시구조에 익숙하여 있던 나의
눈과 마음을 큰 망치로 후려쳐 별들이 반짝이는 상황을 느끼기에 부족
함이 없었다.

존 저디가 그토록 감명받았다는 이탈리아의 투스카니 마을도 발바닥
이 부르터지도록 걸어 다녔다. 피렌체에서 시작하여 시에나, 산 지미냐
노 그리고 물의 도시 베니스의 골목길까지 그들의 골목길은 그냥 집과
집 사이를 연결시켜주는 단순한 골목이 아니었다. 아기자기한 생명력
이 넘치는, 각 집안의 소리와 음식냄새까지도 알 수 있을 것 같은 골목
길, 마을사람들이 공동으로 사용하는 우물, 마을 성당 그리고 자연스럽
게 사람들이 모여 이야기하고 어린아이들이 뛰어노는 작은 광장 피아
차Piazza가 기막힌 조합을 이루고 있었다.

베니스의 어떤 골목은 사람과 마주치면 어깨가 닿을 정도로 좁다. 우리
나라의 유행가에서도 그러지 않았던가? '사랑은 아무나 하나? 눈이라
도 마주 쳐야지…….' 오스트리아 사람들은 생맥주잔을 부딪힐 때 서로
상대방의 눈을 바라본다고 한다. 얼마나 기막힌 건배인지 한번 경험해
보면 감탄이 절로 나온다. 좁고 구불구불한 골목길과 그 사이사이 나타
나는 피아차는 그야말로 휴먼 액티비티가 가득한 도심의 연극무대, 즉
어반 스테이지다.

외부공간을 둘러싸서 공간의 성격을 규정지어주는 건물들은 하나하나

이탈리아 베니스 산마리노 광장 ⓒgettyimagesbank

가 독립된 개체Object일 뿐만 아니라, 완벽한 어반 스테이지의 백그라운
드 시설물이었다. 말로만 듣던 이러한 도심 환경이 유럽의 구도심 곳곳
에 수도 없이 있었다. 그러한 환경의 도심거리는 서비스의 용도를 제외
하면 자동차를 타야 할 필요성을 못 느끼게 된다. 들국화의 싱어 전인

권이 외치던, 걷고 걷고 또 걸으면 되는 것이다.

구도심의 광장은 각종 액티비티들이 융합되는 공간, 즉 하나의 큰 샐러드 볼이다. 옛날의 이곳 광장에는 대부분 성당과 주 관청 건물들이 있었다. 그래서 정치, 종교활동의 중심지 역할을 수행했다. 수많은 군중 집회, 종교적 예배행사 그리고 심지어 처형식까지 말이다. 커뮤니티를

이탈리아 시에나 광장 ⓒgettyimagesbank

이루며 살기 위하여 필연적인 인간의 모든 공동체적 행위들이 광장을 중심으로 일어났다.

투스카니의 중심도시 시에나^{Siena}의 부채꼴 모양의 경사진 광장에 주변 젊은이들처럼 드러누워도 보았다. 매년 연중행사로 열리는 전통적 마을축제로, 말 타기 대표선수들이 안장 없는 말을 타고 부채꼴 광장

의 군중 속을 달릴 때의 뜨거운 열기와 함성 소리가 생생히 느껴졌다. 대학시절 팔에 끼고 다녔던 신건축 특집에서 사진으로는 많이 보았지만, 그 생생한 현장을 이제서야 실제로 느낄 수 있었다. 존 저디가 외치던 영혼을 잃은 현대도시의 문제점 해결의 실마리가 이런 것이었구나 하고 하나의 비밀을 엿본 것 같았다.

극심한 가난한 시대를 통과하여 경제성장의 혜택을 온몸으로 누려왔다는 58년 개띠 베이비 붐 세대들이라고 하지만, 어릴 적부터 이러한 골목 환경 속에서 놀고 자라온 이탈리아, 프랑스의 예술가나 건축가들과 황량한 아스팔트 바닥 위에서 논밭과 달동네를 밀어붙이고 들어서는 콘크리트 아파트 숲을 보며 자라난 우리들은 다르다. 입시준비에

빡빡 밀어부친 머리를 싸매고 골몰하며 자라난 우리들이 대학시절 장
발에 청바지를 입고 외국 건축잡지를 팔짱에 끼고 다닌다는 것만으로
그들의 예술 감성적 DNA를 따라 잡는다는 것은 근본적으로 어려운 일

유럽골목

유럽의 여러 골목

이 아닌가 하는 자괴감이 들었다. 나는 아직 가스등 불빛이 어슴푸레한 유럽의 골목길 돌바닥 위에서 한없는 희망과 절망을 동시에 느꼈다. 카푸치노 한잔을 시켜 놓고, 나도 존 저디와 같이 사람들이 모여 같이 공유하는 커뮤니티 공간을 잘 설계하는 건축가가 될 수 있도록 노력해야 하겠다고 다짐에 또 다짐을 하였다.

다시
돌아온 삼우,
삼성

최대 도심 복합개발
용산역세권

2006년 가을, 여느 해와 마찬가지로 추석연휴가 다가왔다. 대형 도심 프로젝트를 위한 노력이 결실을 맺지 못하니 팀원들 모두 지치기 시작하였다. 매년 연례행사처럼 가던 해외 건축 답사 여행을 이번에는 아시아권을 벗어난 유럽 건축의 보물창고인 이탈리아로 가기로 결정하였다. 사무실 사정이 좋지만은 않아 추석상여금 지급 대신 이탈리아 건축 여행을 제안하였는데, 팀원들 모두가 찬성하여 떠날 수 있었다. 그렇게 이탈리아로 향했다. 로마에서 시작하여 피렌체Firenze, 투스카니Tuscany 지방의 시에나Sienna, 산 지미냐노San Gimignano 등을 거쳐 물의 도시 베니스에 도달하였다.

가는 곳에 대해 이미 나에게 언어로 세뇌를 당했던 멤버들은 눈으로 직접 전달되는 감동에 모두 흥분하였다. 시각적인 것뿐만 아니라, 골목

이탈리아 베니스 ©gettyimagesbank

에서 들리는 종소리, 향기로운 빵 냄새, 파스타, 달콤한 젤라또 아이스
크림 그리고 비싸지 않은 끼안띠 와인까지……. 그렇다. 아름다운 도시
환경은 시각적으로 아름다운 건축물을 나열한다고 이루어지는 것이
아니다. 오감이 모두 행복해지는 상황, 그것이 바로 도시 건축의 지향
점이다. 즐거워하고 있는 팀원들을 물끄러미 바라보면서 책임자인 나
의 마음은 상당히 복잡하였다. 큰 결정을 내려야 하는 상황이 다가오고
있음을 느꼈기 때문이다.

답사를 갔던 스페인의 알람브라 궁전의 안내서 문구가 떠올랐다. 당시
스페인을 지배하고 있던 북아프리카의 이슬람계통 무어인들이 스페인
재 수복 운동 군사들의 그림자를 느끼며 쫓겨나는 상황에서 지은 궁전
이라 더 애절하게 아름답다는 것이다. 알람브라 궁전을 파괴하지 않는

스페인 알람브라 궁전 ⓒgettyimagesbank

다는 조건으로 극단적인 전쟁을 피하고 무어인들의 본고장인 북아프리카로 스스로 물러났다는 슬픈 이야기와 그 애잔함을 기막히게 기타의 선율로 표현한 타레가 작곡의 '알람브라 궁전의 추억'이라는 노래도 있다.

밑바닥에 가깝지만 보보스 호소인인 우리는 앞으로 다가올 현실을 담담히 받아들였다. 당시 유행하였던 일본의 소설과 영화 <냉정과 열정 사이>에서 피렌체 두오모 성당의 계단을 오르는 심정이라고 할까…….

해가 바뀌고 팀원들 중 몇몇은 결혼과 미국유학을 결심하여 사무실이 축소되었다. 그러는 와중에서도 단지 물량의 전쟁터 같은 아파트 설계 시장에는 뛰어들고 싶은 생각이 없었다. 내가 생각해도 왜 이렇게 스스로 어렵게 사는 길을 걷고 있는지 모를 지경이었다.

어느 날 오후, 삼우설계 손 사장님으로부터 전화가 와서 만나자고 하셨다. 팀원들 모두 같이 삼우설계로 돌아오는 것이 어떠하겠냐는 제안이었다.

'용산국제업무지구 개발' 설계단장이 되다

약 10여 년 만에 임원이 되어 돌아온 삼우설계는 괄목할 만한 양적 성장을 이루었다. ENR이라는 기관에서 매년 세계건축시장에서 건축, 엔지니어링 업계의 순위를 매기고 있는데, 삼우설계는 거의 10위권에 도달하고 있었다. IMF 경제위기를 슬기롭게 헤쳐 나온 뒤 중동 등지에서 해외 프로젝트의 기회도 많이 거론되고 있었다.

나는 재합류한 지 얼마 되지 않아 '용산국제업무지구 개발: YIBD' 프로젝트의 설계단장 직책을 맡게 되었다. 용산에서 다른 곳으로 이전한 철도정비창 부지와 서부 이촌동 아파트 단지까지 묶어서 오피스, 국제회의장, 상업시설, 주거시설 등 연면적 일백만 평에 이르는 단군 이래 최대의 복합 프로젝트였다. 10여 년 전, 삼성본관과 서초동 프로젝트를 같이 추진하던 삼성의 멤버들이 주축이 되어 다시 의기투합하게 된 것이다.

프로젝트 수주의 대 전제조건이었던 국제현상설계를 통하여 개발 마스터플랜 컨셉을 결정하기로 하고, 참가팀 선정 작업에 들어갔다. 우선 대형 프로젝트를 잘하는 미국팀과 영국, 네덜란드 등에 있는 10여 개 팀을 놓고 검토하였다.

RFPRequest for Proposal를 보낸 뒤 현장으로 출장을 나가서 사무실 실사와 디자인 책임자들과 면담을 진행하였다. 그 당시 이탈리아의 렌초 피아노Renzo Piano와 스페인의 산티아고 칼라트라바Santiago Calatrava등으로부터 "일백만 달러의 현상 참가비용 책정은 특별하고 감사하지만, 안

될 수도 있는 현상설계에 시간을 쓰고 싶지는 않다"는 답이 돌아왔다. 정중한 거절의사를 밝힌 것이다.

미국 뉴욕의 SOM, 로스앤젤레스의 JPI, 그리고 와일드카드 신예로 아쉼토터Asymptote, 영국의 노먼포스터 Norman Foster경 그리고 뉴욕의 9.11 사태 후 마스터플랜으로 유명해진 다니엘 리베스킨트Daniel Libeskind (SDL) 등 5개의 참여사가 결정되었다. 설명회를 가진 뒤 약 3개월의 기간 동안 현상 작업이 진행되었는데, 많은 예산을 들여서 특별히 진행하는 국제현상이기 때문에 설계안 진행의 중간점검을 위해 현지 작업 스튜디오를 방문하였다.

날씨가 꽤 쌀쌀했던 11월 어느 날 아침, 남산 자락에 위치한 힐튼호텔 연회장에서 공개 프레젠테이션과 심사회가 열렸다. 모두가 열띤 프레젠테이션을 하였지만, 기대와 열정이 넘쳐서 인지 현실상황에 적합한 안을 보여주지 못하고 있었다. 그도 그럴 것이 대한민국의 수도인 복잡한 서울, 도심 한복판에 남겨진 거대한 땅, 미군부대 철수로 공원화가 계획되고 있다는 점까지 복잡하고 어려운 조건을 충족시키는 완벽한 안을 단시일에 만들어내기는 불가능에 가까운 일이었을지도 모른다. 우리의 목표는 사람들이 모여서 즐거움을 느낄 수 있는 새로운 미래도시였다. 그러나 대부분 100층 높이의 랜드마크 빌딩에 너무 집착한 나머지 우리가 원하는 컨셉과는 다소 상이한 컨셉들이 주를 이루었다. 속된 표현으로 눈을 확 뜨게 하는 강렬하고 자극적인 이미지 메이킹의 범주 속에 갇혀 있는 듯했다.

용산국제업무지구 개발 ©Ray-Us / Studio Libeskind

용산국제업무지구 개발 ©Ray-Us / Studio Libeskind

거대한 복합단지를 한두 개의 주된 매스Mass를 중심으로 풀어낸 안과
달리 SDL이 제안한 일종의 '다도해Archipelago' 컨셉이 눈에 띄었다. 참
가한 모든 인원이 삼원가든에서 한우갈비와 소주로 그간의 노력을 치
하하며 회동하였는데, 건축가들답게 상대편의 안이 제일 궁금했던 모
양이다.

다음날 아침 일찍 각 팀이 제출한 모형을 보관한 장소에서 공개행사를
가졌다. 오래된 지병으로 건강 상태가 악화되어 프레젠테이션에 참석
한 존 저디 사장을 내가 부축해 드렸더니 정말 고맙다고 나지막이 이
야기하였다. 그날이 그를 만나 대화한 마지막이 되기도 했다.

외부 자문 교수단을 포함한 심사 결과 SDL이 선정되었다. 공식적인 통
보를 하루 앞둔 시점에 SDL의 COOChief Operating Officer를 맡고 있는 리
베스킨트의 부인인 니나Nina로부터 전화가 왔다. 말을 이리저리 돌렸으
나 핵심은 결과를 미리 알 수 있는지 였다. 나는 십수 년 전 하트퍼드에
서의 일을 떠올리며 다음과 같이 답하였다.

"니나 여사님, 공식적인 발표 때까지 제가 할 수 있는 말은 없고, 아마
샴페인은 준비해도 괜찮을 겁니다."

컨셉의 주제 ; 다도해 Archipelago

당선 팀인 SDL이 제시한 컨셉의 주제는 '다도해Archipelago'로, 일반적으로 쉽게 사용하지 않는 약간 생소한 단어였다. 용산 철도 정비창 부지를 걷어내고 최첨단 미래 신도시를 만드는데 뜬금없이 '다도해'라니……

일반적으로 이러한 대형규모의 대지에 도시 블록들을 조성할 때 가장 쉬운 접근 방식은 격자형Grid System이다. 반듯하게 가로를 나누고, 공원과 같은 오픈 스페이스Open Space를 배치한 뒤 업무 지역, 주거 지역, 상업 및 엔터테인먼트 지역 및 문화 지역 등으로 나누어 각각의 건폐율, 용적률 및 최고 높이의 규제 가이드라인을 만들어 블록 단위로 각각 개발하도록 하는 것이다. 블록 별 소유권 등이 명확히 구분되어 개발 시행도 용이하다. 그러나 도심 전체로 볼 때 중요한 의미를 갖도록 대지의 전체를 관통하는 하나의 주제로 컨셉을 발전시키기가 매우 어려워진다. 복합단지 자체가 모든 것들이 믹스되어야 하는 것은 아니다. 주거와 업무 공간은 그 자체로 사적인 영역Privacy의 확보가 아주 절실하다. 독립된 각각의 영역은 확실히 구분되어 서로의 침해가 없어야 하며, 독립적인 기능들이 자연스럽게 섞이고 교류해야 하는 곳은 상가, 엔터테인먼트, 휴식 등 공적인 영역Public Zone에서 이루어져야 한다. 빌딩의 지하상가 또는 아파트 단지 상가의 형태를 넘어서 블록과 블록을 이어주는 연결고리 역할을 할 수 있어야 대지 전체가 활성화 되고 소통의 장으로 거듭날 수 있는 것이다. 이것이 성공적으로 이루어지기 위

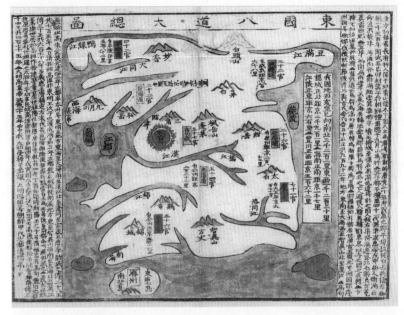

용산국제업무지구 개발 이미지 컨셉

해서 공적인 영역은 주로 보행자 중심으로 형성되는 것이 바람직하다. 서비스, 교통, 주차 문제는 지하공간을 활용하여 기능적으로 해결하고, 주로 보행자들이 이용하는 지하 1, 2층과 지상 3, 4층 사이에 보행자 몰 Pedestrian Mall을 형성하는 것이다.

SDL은 이러한 컨셉을 '다도해'라는 주제로 형상화하였다. 세계적인 대형 프로젝트 사례를 보아도 이러한 개념을 펼친 경우는 많지 않다. 그만큼 이론적으로 우수하지만 실현시키기에는 복잡 미묘한 어려움이 많다는 뜻이다. 이러한 컨셉을 극대화하기 위해서는 프로젝트 전체를 일시에 같이 개발해야 한다. 막대한 투자를 한 번에 받아야 하는 어려움과 일백만 평에 가까운 면적의 공간들이 거의 동시에 분양 또는 임

대가 되어야 하는 어려움이 따르게 된다. 이 모든 어려움을 극복하고 완성하였을 때는 엄청난 효과를 기대할 수 있는 것이다. 금세기 최대, 최고의 프로젝트에 걸맞은 위상의 컨셉으로 다도해가 제안된 셈 이다. '다도해Archipelago'라는 컨셉 주제처럼 우리는 한강으로 흐르는 강의 지류를 원용하여 보행자 동선 축을 수변 공간과 함께 설정하고, 빌딩군을 강의 여러 섬들의 형태로 배치하는 안을 만들었다. 하늘에서 보면 부지 내에 강줄기가 있어서 시각적으로 강물이 굽이쳐 한강으로 떨어지고, 복합단지 내의 사람들이 거대한 수변공간에 모여서 만나고, 먹고, 쇼핑하고 즐기는 커뮤니티 중심의 액티비티를 형성한다. 업무 시설과 도심 주거 시설은 100층대의 랜드마크를 중심으로 몽유도원도의 산수가 펼쳐지듯 전개하였다.

SDL은 공식적으로 계약을 마친 후 본격적인 마스터플랜 작업에 돌입하였다. 국내 설계단에서 3명의 인원을 선발하여 뉴욕에 파견하여 공

용산국제업무지구 개발 이미지 컨셉 - 몽유도원도

동 작업을 수행하였고, 다도해 컨셉을 극대화하기 위하여 JPI에서 독립한 '5 PLUS'팀이 리테일 컨설턴트로 합류하고, 구조·설비·전기 등 주요 컨설턴트팀인 오베 아룹 뉴욕^{Ove Arup NY}팀까지 인터내셔널 군단이 결성되었다. 또한 매년 3월에 프랑스 칸에서 열리는 부동산 국제박람회 MIPIM에도 출품하고, 홍보 활동을 하였다.

작업이 한창 진행되는 되던 중 서브프라임 모기지^{Sub Prime Mortgage}로 인한 경제위기 사태가 발생하였다는 소식이 들렸다. 불안하지만 거대한 프로젝트라 쉽게 중단할 수 없었고, 마스터플랜 작업은 계속되었다. 우여곡절 끝에 마스터플랜을 확정하고, 오세훈 서울시장팀에게 보고 및 실무 협의가 이어졌다.

랜드마크 타워 및 개별 빌딩의 디자인을 위하여 추가적으로 해외 리딩 건축가 선정 작업이 필요했다. 최근의 경제 사정으로 상황이 급변한 이유 때문인지 렌초 피아노^{Renzo Pian}와 산티아고 칼라트라바^{Santiago Calatrava} 등 콧대 높은 건축가들이 적극적인 자세로 선정되길 원하였다. 유럽 지역 건축가들과 협의를 위하여 출장을 나온 사이 아이슬란드 화산이 폭발하여 모든 비행기의 유럽 지역 운항이 중단되었다. 국내 뉴스에는 공항에서 잠자며 비행기 길이 열리기를 기다리는 사람들의 모습이 보도되었으나, 우리에게는 독일 통일 후 새롭게 거듭난 수도 도시 베를린을 둘러볼 수 있는 절호의 기회로 다가왔다.

1989년대 말, 베를린 장벽이 무너지고 동서독 통일 후 베를린은 거대한 건축 공사장이 되었고, 금세기 최고 건축가들의 작품 전시장 역할을

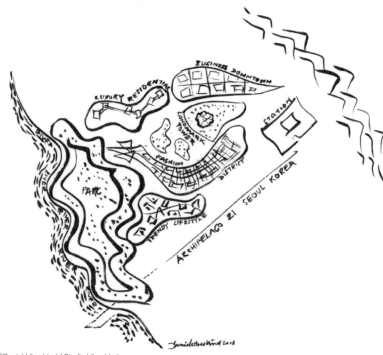

SITE

The site for the Yongsan International Business District is strategically and symbolically located within the heart and soul of Seoul, Korea's historic capital city and is bordered by the picturesque Nam Mountains to the northeast, the majestic Han River to the southwest, and the extensive Yongsan Park to the east. The Yongsan project's links to its local, regional and global context make it an extremely desirable site for development and will help make a positive environment for life, work, and recreation.

CONCEPT

Archipelago 21, the Yongsan International Business District, is a unique urban oasis, within the dense urban fabric of the city of Seoul, a city development which harmoniously combines the dualities of seemingly incompatible visions and brings them together into a dynamic and unified whole. Designed from the ground up – it is development that puts people first, celebrates creativity, community, sustainability and diversity to create a vibrant city center and the soul of Seoul.

Archipelago 21 offers an innovative approach to large scale urban design within a dense city. The main concept is a simple and bold. The site is broken into "islands" - distinct forms that together create a composition in the landscape. Like the islands of an archipelago, the neighborhoods are individual in form. The distinct neighborhood with its own unique program area, character, community and atmosphere develops its own individual identity and brand while at the same time being integrated into the collective of the Archipelago's whole. Although they are distinct and human scaled, together the islands create a wonderfully diverse, active, vibrant city life. These island neighborhoods break down the overall density and mass of the large urban development to create a pedestrian scale that is at once exciting, livable and pleasant. Outside the islands, the site is developed into a generous, active public realm, animated with commercial retail and unique landscapes which act as the "sea" connecting the islands together.

대지

용산 IBD 대지는 전략적, 상징적으로 한국의 오랜 수도인 서울의 도심에 위치하고 있으며 북쪽으로는 그림처럼 아름다운 남산에 면하고 남서쪽으로 위풍당당한 한강에 접하고 동쪽으로 광대한 용산 공원에 접하고 있다. 용산 프로젝트가 서울에서 지역적으로 그리고 광범위하게 연결되면서 용산 프로젝트는 최적의 개발지가 되었으며 이는 생활, 일, 레저를 위한 긍정적인 환경을 조성하는데 도움을 줄 것이다.

개념

아키펠라고21(용산국제업무지구)은 서울시의 고밀도 도시 구조 내에 위치하는 독특한 도시 오와시스이며 양립불가능해 보이는 비전들의 이원성을 조화롭게 결합하여 동적이고 통합된 전체로 가져오는 도시 개발 계획이다. 이 계획은 밑바닥부터 끝까지 인간을 최우선하고 창의성, 사회, 친환경성 및 다양성을 통해 서울의 활기찬 도심과 영혼을 창출하는 개발 계획이다.

아키펠라고21은 고밀도 도시의 대규모 도시 디자인을 위한 획기적인 접근 방식을 제시한다. 메인 컨셉트는 단순함과 대담성이다. 이곳은 조경 속에서 함께 구도를 창출하는 특징적 형태인 "섬"으로 분할된다. 근린 지구는 군도의 섬들처럼 형태상으로 개별적이 된다. 자체 프로그램 구역, 특징, 공동체 및 환경을 가진 근린 지구는 Archipelago 전체의 공동체 속에 통합됨과 동시에 자신들의 개별적 정체성과 브랜드를 개발한다. 이들은 특색과 인간적 규모를 갖게 되며, 섬들은 다른 섬과 함께 다양하고, 활달하고, 활동적인 도시 생활을 창출한다. 이런 섬 지역은 대규모 도시 개발지의 전체 밀도와 매스를 분할하여 재미있고, 살기 좋고, 동시에 쾌적한 보행자 환경을 창출한다. 섬 외부에서는 섬 사이를 연결하는 "바다"의 역할을 하는 독특한 조경과 상가로 활성화된 넓고 활발한 공용 지역이 개발된다.

하였다. 베를린의 상징이자, 통일 직전 레이건이 고르바초프를 향하여 장벽을 부수고 문을 열라고 포효하던 브란덴부르크 광장 지역을 비롯하여 동독 지역의 옛 중심지가 현대적으로 재탄생하였다. 렌초 피아노 등 새로운 건축가들의 작품도 멋이 있지만, 모더니즘의 기수 미스 반 데어 로에의 국립박물관은 단순하면서도 파워풀한 모습이 너무나도 감동적이었다.

고국에서 걱정하는 동료들에게 미안한 마음도 있었지만, 호텔방에 박혀서 무작정 기다린다고 하늘길이 빨리 열리는 것이 아니기에 곳곳을 돌아다녔다. 우여곡절 끝에 한국으로 돌아온 뒤 우리는 개별빌딩 작업에 착수하였다. 광화문 동화빌딩에 5개사 합동사무실을 꾸려 힘차게 프로젝트를 준비하였지만 머지않아 주관사이자 투자사인 삼성그룹이 프로젝트 포기 선언을 하였다. 이후 용산 프로젝트는 심연의 소용돌이에 휘말리는 운명을 맞는다. 단군이래 최대, 최고의 복합 프로젝트에서 세계 최고의 건축가들과 꿈을 실현시켜보고자 발버둥 치던 우리는 그렇게 또 다시 원점으로 돌아갔다.

용산국제업무지구 마스터플랜 대안(국내 설계팀)

무한도전,
글로벌
설계시장으로

카타르 왕궁, 그리고 설계로 해외 진출

2011년 초, 나는 본사로 복귀하여 해외설계 본부장이라는 직을 맡았고, 본격적으로 해외 진출을 모색하게 되었다. 우리나라 건설업의 해외 진출은 1970년대에 시작되었지만, 대부분 값싼 임금에 기초한 노동력의 수출이 근간을 이루었다. 그리고 건설 엔지니어링의 발전과 함께 주로 미국 또는 유럽의 회사들이 설계한 도면대로 공사하기 위하여 현장에서 필요로 하는, 일명 샵 드로잉을 하기 위한 설계인력을 공사현장에 파견하는 정도가 대부분이었다. 많은 대형 설계회사들은 샵 드로잉 제작을 고유의 설계 업무를 수행한 것처럼 포장하여 홍보에 이용하였다. 우리나라 역시 임금 수준이 높아져서 국제적인 경쟁에서 가격으로 승부하기 어려운 상황이 되었다. 따라서 고부가 가치의 고급 설계 및 엔지니어링 일을 수행하지 않고서는 해외 진출의 의미가 크지 않다. 조직

개편으로 팀을 정비하여 해외사업본부를 두 개의 팀으로 편성하였다. 하나는 해외설계팀이고, 또 다른 하나는 해외영업팀이다. 그리고 '디자인으로 승부한다'는 기본적인 전략 원칙을 세웠다. 너무나도 당연한 말 같지만, 서양의 선진 설계사와 경쟁하여 순수하게 디자인으로 승부하여 이기겠다는 전략은 업계에서는 꿈같은 이야기로 치부하였을 것이다. 가령 김연아 선수나 박태환 선수가 등장하기 전에 우리나라가 피겨 스케이팅이나 수영 종목에서 금메달을 딸 가능성을 생각하던 것과 비슷한 상황이었다. 설계인력으로 구성된 팀원은 다섯 명으로, 시작은 미약하지만 결과는 창대하리라는 각오로 파이팅을 외쳤다.

마침 회사에서 두바이에 중동지사를 운영하고 있었다. UAE 원전 수출 작업의 일환으로 건축 관련 업무를 관리함과 동시에 설계 업무의 진출 가능성을 저울질하고 있었다. 그러나 상황이 썩 좋질 않았다. 2008년에 시작된 세계 경제위기 상황은 한창 과열상태 마저 보이던 UAE 건설시장을 거의 붕괴상태로 몰아넣었는데, 2011년에도 완전한 회복하지 못한 상태였다. UAE 상황을 점검한 뒤 나는 팀장을 대동하여 인근 카타르Qatar를 방문하여 가능성을 모색하였다.

천연가스 생산량이 많은 카타르는 1인당 GDP가 노르웨이 다음으로 높은 나라다. 돈은 넘쳐나지만, 국가의 인프라 구축과 도시화는 UAE에 비하여 한발 늦은 편으로, 무너진 국제경제 상황에 영향을 덜 받았다. 따라서 건설 프로젝트를 발주하는데 박차를 가하고 있었다. 우리도 과감히 그 대열에 합류하여 명함을 내밀고 설계안을 들이밀기로 하였다.

카타르 도하 ©gettyimagesbank

우리 팀원들은 스스로를 불구덩이에 뛰어드는 불나방이라 비유하였는
데, 두바이와 카타르 사이의 셔틀 비행기는 기회를 잡으려는 건설업계
나 가스 관련 엔지니어와 비즈니스맨들로 북적거렸기 때문이다. 어디
에서나 마찬가지겠지만, 신출내기가 아무리 호기롭게 달려든다 해도
관심받기는 하늘에서 별 따기와 같다.

첫 번째 기회는 호텔 프로젝트였는데, 로컬 설계회사와 팀을 이루어 국
제현상설계에 뛰어들었다. 중동에 가 본 사람들은 모두 비슷하게 느끼
겠지만, 대부분의 주요 건물들은 네모반듯하기보다는 뭔가 뒤틀려진
형태 또는 다양한 변화를 가진 비정형의 건물들이 많은 것을 알 수 있

다. 이는 공사비에 연연하지 않고 특이한 외관을 추구하기 때문이다.

우리는 바닷가에 위치한 부지의 특성을 살려서, 호텔 외관을 인공석으로 덮고 동굴 속에 호텔시설이 존재하는 듯한, 다소 비현실적이지만 일종의 판타지 같은 컨셉을 제시하였다. 일단 그들의 관심을 끌기 위해서는 강렬한 임팩트를 남겨야 했는데, 바로 그 점이 적중하였다. 우리는 경쟁에서 호주의 설계사를 제치고 그 일을 수주하게 되었다. 건축적으로 바람직한 방향인지는 의문이 조금 들기도 하였지만, 일반 컴페티션의 수준을 넘어서는 결과물을 열과 성을 다해 만들어 제출한 보람이 있었다.

로컬사들이 현상설계 정보를 가져왔는데, 왕궁 신축 프로젝트에 한번 도전해보자고 제의하였다. 달걀로 바위를 치는 것과 다름이 없을 것 같았으나 도전의식이 불붙듯 지펴졌다. 디자인 팀을 보강하고 설계에 임하였다. 전제 조건은 모던한 이미지를 띠게 해달라는 것이었다. 팀원들은 사생결단으로 몰입하여, 도면과 모형을 제출하고 담당 책임자에게 프레젠테이션을 하였다.

일단 그들을 놀라게 만드는 것까지는 성공하였으나 어워드 소식이 없었다. 한참 지난 후 지사를 통하여 소식을 들었다. 국왕 내외분께 보고하였더니 우리가 제출한 안에 상당히 만족하였지만, 유럽의 왕궁들처럼 클래식한 이미지로 다시 한 번 설계안을 받아볼 것을 주문하였다는 것이다. 다행히 사장님께서도 상황을 이해하시고 한 번 더 도전해보자고 하셨다.

나는 주요 디자이너 3명을 프랑스 파리로 급히 파견하여 루브르와 베르사유 궁전을 샅샅이 보고 오라고 한 뒤 클래식한 양식의 디테일을 연구하고 수집하도록 하였다. 또다시 밤을 낮 삼아 전력을 다한 결과, 프랑스인이 한 것보다 더 프랑스적인 왕궁이 탄생했다. (최소한 그렇게 믿고 싶었다.) 어찌 생각하니 우스운 일이 아닐 수 없다. 동남아의 야심만만한 어느 건축가가 우리나라 전통 건축양식을 단기간에 파악하여 왕궁 설계안을 제출한다는 것과 무엇이 다를까 싶었다. 하지만 우리는 목숨을 걸고 거의 미쳐 있었기 때문에 다른 생각을 할 틈이 없었다. 중동시장 개척을 목표로 하고 있는데, 그 나라의 왕궁을 수주한다면 그 파급효과는 엄청날 것이기 때문이다.

결과물을 들고 카타르로 향했다. 유일한 직항인 카타르항공은 항상 현지시간으로 새벽에 도착하는데, 사막의 일출 광경이 아주 장관이었다. 우리의 노력에 감동하였는지 우리가 제출한 안을 보자마자 왕궁으로 연락하여 제출물을 가지고 들어갔다. 그리고 다시 함흥차사의 시간이 시작되었다. 신기루 같은 일에 너무 몰두하는 것이 아닌 지에 대해 회사 내 일부에서 해외사업에 대한 회의론이 들려왔다.

한참 뒤 다시 현상설계 초대장이 도착하였다. 거의 같은 내용이지만 다른 점은 이번에는 왕세자궁이었다. 이미지는 클래식하면서도 모던하게 였다. 수집한 정보에 의하면 프랑스의 유명 건축가 포짬바르크Portzamparc가 경쟁에 참여한다고 하는데, 그는 극단적으로 모던한 건축을 추구하는 건축가라 의아했다.

이번에는 색다른 전략을 쓰기로 하였다. 그들의 전제조건을 충족하기 위해서는 절충적인 형태로 갈 수밖에 없었다. 그런데 절충적인 이미지로 사람을 놀라게 하기는 어려웠다. 그래서 우리는 주문하지 않은 안을 한 개 더 만들기로 하였다. 왕궁 설계에서 가장 중요한 요소인 프라이버시와 보안 문제의 대안으로 가로 120m, 세로 180m의 거대한 일종의 선큰가든Sunken Garden을 만들고, 왕궁의 모든 시설을 선큰가든에서 해결한다. 단, 선큰가든 주변을 지상은 1개 층 높이의 회랑으로 돌려서 외부로부터의 시선과 위험으로부터 방어하고, 지하 같지 않은 특별한 분위기를 조성하는 거대한 규모의 선큰을 만드는 것으로 방향을 잡았다.

예전과 마찬가지로 새벽에 공항에 도착하여 짐을 찾아 나왔더니, 이제 공항 세관원들도 왕궁 설계안을 들고 나오는 코리안을 묻지도 않고 통과시켰다. 그러던 중 큰 뉴스가 전해졌다. 아랍 왕국들 중 최초로 현재 왕이 생존하여 있는 상태에서 건강 등의 이유로 왕세자에게 왕위를 물려주는 결단을 하였다는 것이다. 아마도 2022 월드컵 축구대회를 유치하면서 강력한 추진력을 가진 리더십이 절실히 필요했던 것 같다. 결과적으로 현상설계가 진행되는 동안 왕세자궁이 왕궁으로 변한 것이고, 그동안의 엎치락뒤치락 진행된 과정이 일면 이해되었다.

설계안을 제출한 후 그리 긴 시간이 지나지 않아서 예비 선정이 되었으니 직접 책임자가 와서 왕비(얼마 전까지 왕세자비)께 프레젠테이션을 하고 최종 결심을 받자며 날짜를 알려주었다.

흥분되는 마음을 가라앉히고 프레젠테이션 내용을 정리해서 카타르로 갔다. 이번에는 손명기 사장님이 직접 팀을 리드하여 카타르 수도 도하 시내에 설립한 삼우지사에 배수의 진을 쳤다. 마침 라마단 시기라 온 나라가 조용하였다. 호텔에서도 외국인들만 별도의 장소에서 낮에 식사를 하게 해주었고, 외부에서 할 수 있는 유일한 운동이 수영장에서 조용히 헤엄치는 것 밖에 없었다. 그런데 지정해준 날짜가 내일인데 몇

대부분의 해외프로젝트를 같이 했던 디자인 파트너 정인호 상무(삼우설계 재직시)

시에 어디로 오라는 정보가 없었다. 나중에 알고 보니 지정한 날짜는 그때부터 대기하라는 뜻인 듯하였다.

이틀 정도를 기다렸는데 왕실의 급한 사정으로 다음 주에 오라고 통보가 왔다. 일단 철수하였고, 회사 내 분위기는 기대 반, 우려 반이었다. 다시 지정한 날짜에 사장님 이하 팀원들이 현장에서 대기하였다. 라마단 기간 동안은 해가 지고 난 뒤에 정상적으로 식사도 하고 활동을 하는데, 드디어 저녁 7시로 시간을 통보받았다. 우리는 두 대의 SUV에 나눠 타고 왕비의 별궁으로 향하였다. 입구 길목에서 기관총을 울러맨 보안요원이 차를 정지시켰고, 별도로 연락이 올 때까지 지정된 장소에서 대기하라고 하였다. 마침 사장님 이하 대부분의 팀원들의 종교는 기독교였고, 누가 먼저라고 할 것도 없이 기도하였다.

드디어 들어오라는 연락을 받고 프레젠테이션 룸으로 들어갔더니, 우리가 제출한 판넬과 모형이 가지런히 전시되어 있었고, 평소 연락을 주고받던 실무 책임자들이 공손한 자세로 대기하고 있었다.

왕비가 들어오면 곧 시작하리라 예상했는데, 청바지 위에 아랍식 외투 격인 아바야Abaya를 걸치고서 참석자들과 담소를 나누고 있던, 내 바로 앞의 젊은 여자 분이 바로 왕비였다. 마음을 가다듬고 준비한 프레젠테이션을 하였다. 호텔에서 대기하는 동안 프레젠테이션 연습과 수영만 줄기차게 하였다. 왕비는 우리의 프레젠테이션이 끝나자 한 쪽 손에 스케치북을 들어 보이면서 평소 상상하던 왕궁의 모습이 우리가 제출한 설계안에 많이 담겨있다고 말했다. 그리고 몇 가지 코멘트를 덧붙였다.

카타라 문화지구 마스터플랜

우리는 오랜 기간 동안 실무 협의를 거친 후 기다리고 기다리던 계약에 성공하였다. 일만 평 규모의 설계비가 일천만 달러로, 한화 약 110억 원이었다. 전무후무한 쾌거의 짜릿한 맛을 느낀 뒤 본격적인 개념설계에 돌입하였고, 이후 예상한대로 카타르 왕실에서 발주되는 많은 프로젝트의 기회가 우리에게 주어졌다. 카타르를 기반으로 세계무대 진출의 꿈이 눈앞에 다가온 듯하였다.

수행한 여러 프로젝트 중 '카타라Katara 문화지구 마스터플랜'이라는 이름의 본격적인 도시 꾸미기 프로젝트가 인상에 남았다. 척박한 사막의 땅을 푸른 초원으로 바꾸기 위하여 막대한 예산을 들여 풀을 심고 스프링클러를 설치하여 자동으로 물을 공급하고 있었다. 우리는 그러한 인공 초원 위에 역사 마을과 고급 빌라단지를 계획하였다. 물론 그들의

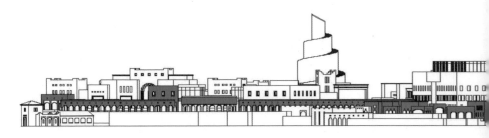

카타라 복합개발 프로젝트

전통건축의 현대적 재해석에 기반하여 카타르식 골목길과 광장이라는 컨셉을 잡았다. 나는 중동을 여행하면서 우리나라의 산천초목이 얼마나 귀하고 소중한 것인지를 새삼 깨닫게 되었다. 들판의 잡초마저도 말이다.

한 가지 아쉬웠던 점은 해외건설 진출이 시작된 이래 카타르 왕궁 설계라는 초유의 업적을 달성하였지만, 왕실과 관련된 모든 사항에 대해 비밀유지 준수 조항이 강하게 명시되어 있어서 전혀 공공적인 홍보를 할 수가 없었다. 일종의 왕궁 프로젝트를 수행한 일종의 대가다.

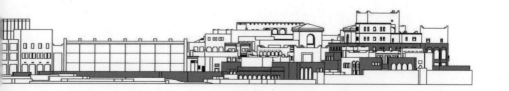

카타라 개발4지구 현상설계

텍사스 달라스에
복합타운을

어느 날 오후, 한 미국인이 회사로 연락이 왔다. 달라스에서 형제가 부동산 관리 및 개발을 하고 있는데, 달라스 북부 리처드슨Richardson이라는 동네에 석유재벌이 소유하고 있던 큰 부지를 획득하여 개발을 계획하고 있다고 하였다. 달라스와 리처드슨 일대는 전자계산기 생산으로 유명한 텍사스 인스트루먼트Texas Instruments를 위시하여 세계적인 통신회사들의 사무시설과 연구시설이 밀집하여 있었다. 캘리포니아에 실리콘밸리에 대응하여 텔레콤밸리라고 불리고 있었다.

건축주는 원래 셰프로 활동하다가 부동산을 개발하여 부를 축적하였다. 원래 자신의 소망대로 건강식과 자연식을 추구하는 아시아 여행을 하던 중 도쿄를 거쳐 서울에 들어와서 활동하였고, 한국인을 만나서 결혼한 아주 흥미로운 이력을 가지고 있었다. 그는 텍사스에서는 햄버거

미국 달라스 ©gettyimagesbank

하나를 사먹기 위해서 자동차를 타고 나가야 한다면서, 동양에서 경험
한 고밀도 환경의 장점을 도입한 타운을 계획하고 있다고 하였다. 또한
젊은 IT 엔지니어들이 주축인 활발한 복합타운을 만들고 싶다고 밝혔
다. 이런 요소를 반영시켜 줄 건축 컨설팅을 부탁하기 위해 우리를 찾
아온 것이다.

그가 계획하고 있는 복합타운의 콘텐츠는 IT 벤처 사무실, 호텔, 컨벤
션 및 콘퍼런스 센터 그리고 주거 및 리테일, 엔터테인먼트 센터 등 복
합타운의 주된 메뉴가 총망라되어 있었다. 건축가로서 탐나는 내용이
었는데, 계획하고 있는 주거시설이 큰 문제를 안고 있다면서 다음과 같
이 설명을 하였다. 리처드슨Richardson은 달라스Dallas 북부 교외에 위치
하고 있는 상당히 유서 깊은 부유촌으로, 정치적·사회적으로 영향력
있는 주민들이 많이 거주하고 있었다. 부지의 서쪽이 이 부촌 마을과
접하고 있는데, 조용한 자기 마을 바로 옆에 복합타운이 들어서게 되는
것에 극도로 민감하며, 이 문제의 슬기로운 해결이 가장 중요하다고 덧
붙였다.

조금 유별나게 들릴 수도 있지만, 어떤 건축가들은 어렵게 꼬인 문제에
더 큰 도전의식을 느끼고, 그 문제를 해결하였을 때 훨씬 더 큰 성취감
을 느끼기도 한다. 비정형의 이상하게 생긴 대지에서 종종 명품 솔루션
이 나오는 것이 바로 이러한 예다. 나는 단순히 동양적 건축요소를 컨
설팅 하는 데는 별로 큰 관심이 가지 않았고, 오히려 우리도 마스터플
랜을 제시할 기회를 달라고 역제안을 하였다. 그들은 세계적으로 활동

하는 건축회사 HOK와 달라스의 리딩 선축회사와 접촉 중이라 하였고, 달라스를 방문하여 사이트 환경도 둘러보고 기존의 접촉하고 있는 회사들도 한번 만나보는 게 어떻겠냐고 하였다. 텍사스주에는 삼성 반도체 공장과 부지 인근에 삼성의 통신 관련 회사도 있었는데, 많은 생각이 들었다.

애틀랜타에서 환승하여 도착한 달라스 시내는 경제도시답게 다운타운이 아주 깔끔하게 정리되어 있었다. 각종 미술관, 공연장 등의 설립으로 문화도시로 발전하려는 시의 노력도 강하게 느낄 수 있었다. 그러나 미국의 일반적인 대도시 다운타운에서 느끼는 황량함과 쓸쓸함은 달라스에서도 예외일 수 없었다. 즉, 아름다운 빌딩은 많은데 활발하게 오가는 사람들은 많지가 않았다. 텔레콤밸리의 규모는 예상보다도 훨씬 더 컸으며, 한국·중국·일본 등 동양의 젊은 엔지니어 가족들이 많이 거주하고 있었다.

미국시장에서 달라스 같은 남부 경제의 핵심인 대도시에 깃발을 꽂는 일에 마음이 쏠리니, 바위에 부딪쳐 깨지더라도 HOK 같은 팀을 상대로 한번 붙어보고 싶었다. 본사의 손 사장님으로부터 사전 허락을 받은 나는 별도의 보상 없이 마스터플랜을 제안할 것이며, 대신 우리의 안이 마음에 들 경우에는 본용역의 계약을 체결한다는 협약을 맺고 서울로 돌아왔다. 팀을 정비하여 TF팀을 꾸리고, 활발한 활동을 하고 있던 삼우 뉴욕지사에서도 대안을 내기로 하여, 도합 두 개의 안을 준비하기로 하였다.

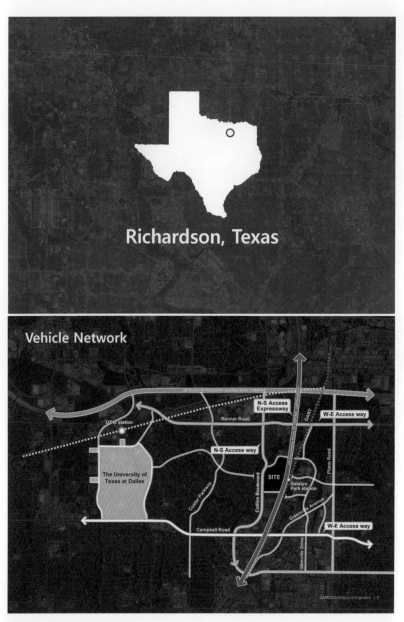

미국 텍사스 리차드슨 복합타운 부지현황

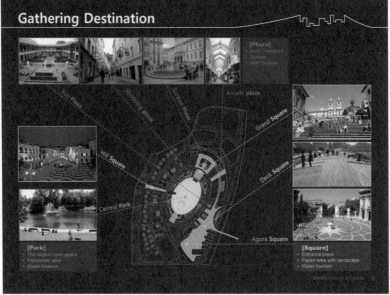

미국 텍사스 리차드슨 복합타운 계획안 컨셉의 전개

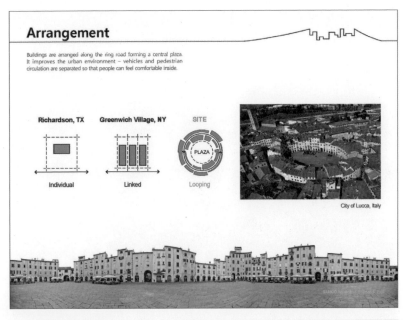

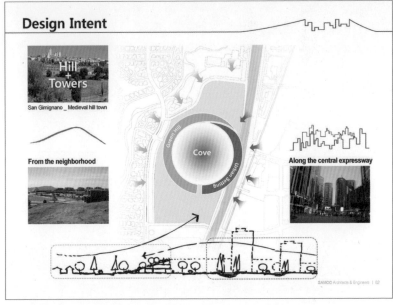

미국 텍사스 리차드슨 복합타운 계획안 컨셉의 전개

미국 텍사스 리차드슨 복합타운 계획안

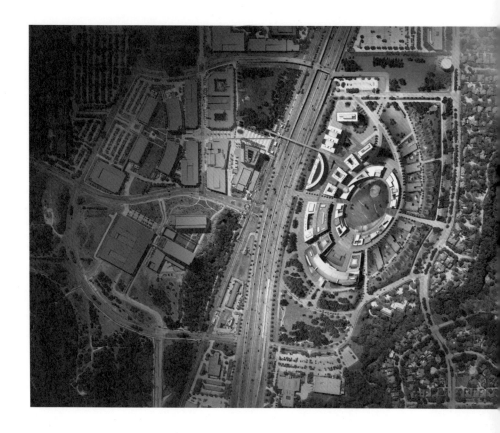

나는 사이트의 스케일에 걸맞은 중앙공원을 중심에 두고 오피스와 호
텔 및 컨벤션의 위치를 설정였다. 주거시설의 위치는 자연스럽게 인근
주택단지 가까이 두었고, 대형 쇼핑센터를 지양하였다. 유럽의 작은 마
을 길 같은 모습의 리테일 골목들을 각기 다른 주요 시설들을 이어주
는 촉매제 역할을 하도록 하였다. 가장 큰 골칫거리인 인근 주택과의
갈등에 대한 문제해결책을 고민하였다.

문득 수년 전 부모님을 모시고 같이 간 하와이 여행이 생각났다. 어머
니의 여고시절 은사 선생님이 호놀룰루에 계셨는데, 옛 제자 가족의 방
문을 받고 손수 안내하여 데리고 가신 곳이 하나우마 베이Hanauma Bay
였다. 지질적으로 화산 분출 과정에서 작은 분화구가 해변에서 함몰되
어 인접한 환경과는 전혀 다른, 산호초들이 옹기종기 형성되어 묘한 대
비와 분절을 이루는데도 이질감 없는 아름다운 모습에 경탄하였다. '그

래, 바로 이거다!'하고 무릎을 쳤다. 천국으로 떠나신 어머니의 선생님
이 나에게 선물 하나를 던져주시는 듯하였다.

분화구를 둘러싸고 있는 하나우마 베이의 아름다운 언덕처럼, 서쪽의
인근 주택가를 마주보는 곳에 완만하고 부드러운 인공언덕을 콘크리
트로 만들고 그 아래는 실내 주차장으로 활용한다. 경사진 표면은 잔디
를 입혀서 '저 푸른 초원'을 만들어 '그림 같은 타운하우스'를 짓는다.
(지난번 베를린에서 본 주차장 위 상부 루프에 잔디를 입혀 도심의 선
탠 공원으로 조성한 것이 떠올랐다.) 언덕 너머에는 아기자기한 유럽
형 골목 상점들과 호텔, 사무실들이 위압적이지 않은 스케일로 자리 잡
았지만, 기존 미올에서는 새로이 생긴 '저 푸른 초원과 그림 같은 집'들
만 보일 뿐, 산 너머 불빛들이 기존의 주택환경을 헤치지 않는다. 오히
려 동네 인근에 편리한 복합시설들이 들어오니 주민들에게도 편리한
도움을 준다. 그리고 이곳에 들어오는 대부분의 차들은 거대한 지하공
간을 활용한 주차장에 주차하고, 사이트 내부에서는 보행자와 바이크
족에게 편리하도록 만든다. 일하고, 쉬고, 먹고, 마시는 일상생활을 이
탈리아 어느 마을과 같은 환경에서, 그러나 내부는 첨단 인프라 시설을
완비한 타운에서 즐길 수 있도록 하였다.

어쩌면 황당하게 느껴질 수 있는 컨셉을 천재적 기질을 가진 팀원들의
재빠른 손놀림을 통해 기발하고 디테일한 컨셉을 가미하였다. 두툼한
설계제안서와 마스터플랜 모형을 들고 달라스로 날아갔다. 삼우 뉴욕
지사에서도 '도시의 농장Urban Farm'이라는 컨셉을 준비하여 동시에 프

레젠테이션을 하였다. 결과는 오너의 대만족! 우리는 아직 옛 서부개척 시대의 카우보이의 성격이 많이 남아있는 인근 도시 포트워스Fort Worth 로 몰려가서 카우보이와 카우걸이 줄 맞춰 춤추는 라인댄스를 바라보 며 건배하였다. 그리고 다음날 나는 중동으로 가는 비행기에 몸을 싣고 황야의 방랑자처럼 두바이인지 카타르인지로 유유히 떠났다.

싸와디 캅! 태국으로

태국 푸켓에 주택단지를 개발하겠다는 의뢰인의 초청으로 태국으로 향했다.

내가 미국에서 귀국하던 1993년 겨울, 삼성건설과 삼우설계는 방콕 시내 중심가에 빌딩 프로젝트를 턴키 방식으로 수주하기 위하여 공동으로 마케팅 작업을 하였다. 비록 수주는 성공하지 못하였으나, 열대지방의 이국적인 동남아시아의 분위기와 문화, 그리고 음식 등 깊은 인상을 갖게 된 계기가 되었다. 1990년대 초반의 태국은 일본의 생산기지로서 많은 투자를 유치하고, 관광산업이 폭발적으로 성장하여 시내에 많은 건설·개발 프로젝트가 진행되고 있었다. 따라서 태국에서 사업을 진행 중이던 삼성건설과 몇 개의 프로젝트를 함께 검토하였다. 그중 방콕 시내를 관통하여 경제적인 부분과 관광적인 부분의 역할뿐만 아니라 태

태국 왓 아룬 ©gettyimagesbank

국인들의 정신문화적 센터 역할까지 하고 있는 차오프라야 강변 요지에 부지를 소유하고 있는 건축주의 초청을 받았다. 준비된 보트를 타고서 부지를 답사하였던 것이 인상 깊었다.

그리고 우리를 안내하여 준 MIT를 갓 졸업하고 왔다는 미남의 오너 2세가 더욱 인상에 남았었다. 그리고 자동차가 겨우 들어갈 수 있는 골목 깊숙한 곳에 수십 층의 호텔 콘도 같은 건물들이 지어지고 있다는 사실에 놀라지 않을 수 없었다. 이후 나는 삼성 본관 리노베이션 프로젝트의 책임자로 자리를 옮겼기 때문에, 나에게 태국은 아련한 추억이 있는 나라였다.

20년이 지나서 방문한 방콕 시내는 큰 변화가 거의 없었다. 푸켓에서의 미팅을 끝낸 우리는 예전에 삼성건설 방콕 지사장을 역임한 하 사

태국 왕궁과 사원 ©gettyimagesbank

장님의 소개로 그곳의 디벨로퍼 한 분을 소개받아 만났다. 20년 전 챠
오프라야 강변의 부지를 방문하였을 때 우리 일행을 안내해준, MIT를
갓 졸업하고 아버지 사업을 돕는 2세 경영인, 현재는 그룹 회장이 된
바로 그 분이었다. 나와 마찬가지로 그도 머리가 희끗희끗해져서 세월
의 무게를 실감하였지만, 바로 엊그제 만난 친구처럼 반가웠다.

그가 설명하기를 우리나라가 IMF 사태를 맞이한 1997년 11월 바로 직
전, 태국이 먼저 외환위기 사태를 맞이하였다고 한다. 진행되던 수많은
프로젝트들이 중단되었고, 20여 년이 더 지난 지금도 아직 회복이 제
대로 되지 않아 군데군데 중단된 건설현장을 쉽게 볼 수가 있었다. 나
는 그때 우리에게 보여준 강변의 부지는 어떻게 되었냐고 급하게 물었
다. 단지 몇 개의 대형 개발사만이 경쟁하고 있다고 말하면서, 그 부지
는 태국 최고 재벌인 CP그룹의 차녀가 운영하는 부동산 개발회사에
최근 매각했다고 하였다. 순간 나는 무엇에 한 대 얻어맞은 듯하였다.
1990년대 초반, LA의 JPI에서의 일이 기억났기 때문이었다.

많은 직원들이 베니스 비치에서 시키지도 않은 주말 특근을 즐기고 있
는데, 멀리 태국에서 프로젝트 설계 의뢰 초청 전화가 왔다. 당시 태국
최대의 재벌인 CP그룹 회장의 자녀들이 미국에서 유학 중이었는데, 대
학 캠퍼스에서 열린 건축가 존 저디의 디자인 특강을 들은 뒤 부동산
개발업을 본격적으로 시작한 아버지에게 강력히 추천하기 위함이었
다. 상담이 잘 진행되어 중국 상해 푸동 지역에 쇼핑몰 프로젝트가 진
행되었다. CP회장님의 특별한 부탁으로 장래 부동산 사업의 승계를 염

태국 방콕 차오프라야강 ©gettyimagesbank

두에 둔 막내 따님이 인턴십 형태로 사무실에 오게 되었다.

JPI 직원들은 동남아 최대의 화교 재벌 따님이 온다는 소식에 으리으리한 리무진을 타고 짙은 선글라스를 낀 도도한 사람을 상상했다. 그런데 그녀가 나타나던 날, 대부분의 직원은 그녀의 앳되고 얌전한 모습에 다들 깜짝 놀랐다. 그녀는 조용히 나타나서 책을 읽고 도면을 보면서 차분하게 시간을 보냈다. 차츰 우리들의 관심과 주목에서 벗어났고, 1993년 귀국 후 상해의 쇼핑몰 프로젝트가 어떻게 되었는지에 대한 관심이 멀어져 갔다. 바로 그 앳된 소녀 같았던 그녀의 회사가 그 부지를 인수하여서 복합상가 및 고급 콘도를 개발한다고 하였다.

다음날 하 사장님의 소개로 CP그룹에서 부동산 관리 책임을 맡고 있는 임원을 만났다. 하 사장님이 삼성건설 방콕 지사장을 맡고 계실 때 삼성과 CP는 합작회사를 설립하여 몇 개의 공동 프로젝트를 진행하였고, 하 사장님은 그때부터 나와 관계를 유지하고 있던 분이다. 의례적인 인사가 끝나고, 혹시 예전에 JPI에서 인턴십을 하였던 회장님 따님이 최근에 차오프라야 강변에 부지를 인수하신 것이 맞냐고 물어보았다. 만약 맞다면 한 번 찾아뵐 수 있도록 연락이 닿을 수 있도록 정중히 부탁하였다.

출장에서 돌아온 지 얼마 되지 않아서 태국에서 연락이 왔다. 다시 한 번 방콕으로 와 주신다면 만날 수 있다고……. 중동으로 출장 가는 여정 도중에 방콕 방문 일정을 잡고, 약속된 장소에 직원을 대동하고 나갔다. 문을 열고 그녀가 회의실로 들어오는데 20여 년 전 그 모습 그대로였다. 그녀는 솔직히 나를 기억할 수 없다고 하였지만, 우리 일행을 환대하여 주었다. 회사를 소개하고 저녁식사를 마치고 나오는데, 동행한 직원이 꼭 영화 속 한 장면 같다며 웃는다. 나는 이럴 줄 알았으면 그녀가 JPI에 있을 때 점심식사라도 한 번 할 걸 하면서 웃었다.

태국인들은 성씨가 너무 길고 복잡하기 때문에 간단히 줄여서 애칭을 쓴다. 그리고 남녀 구별없이 성씨 앞에 쿤Khun, 영어에서 Mr. 또는 Ms.와 같은 의미이라는 단어를 붙이는데, 그녀의 이름은 쿤 비Khun B다. 쿤 비 회장과의 비즈니스는 그렇게 시작되었다. 쿤 비 회장은 그들이 진행 중인 프로젝트들을 소개하여 주었고, 우리는 그들이 한국으로 방문하여 줄 것을 요청하였다. 오래되지 않아서 그녀 일행이 한국에 와서 이곳저곳을 방문하였는데, 삼성건설과 삼우설계에서 친환경 시범케이스로 설립한 '탄소제로하우스'에 큰 관심을 보였다. 이후 삼우설계의 친환경팀은 그녀가 추진하는 중규모 주택단지의 친환경적 설계를 수주하게 되었다. 그녀는 삼성건설과의 합작을 염두에 두고 관계자들과 상담을 진행하였으며, 삼성건설의 대규모 방문단이 직접 태국의 현지답사를 하였다. 우리는 방콕 공항 인근의 신도시 부지에 CP그룹 통합 본사 프로젝트의 컨셉 설계를 제안하여, 총괄 회장님께 직접 프레젠테이션을 하는 등 비즈니스 관계가 상당히 발전이 되었다.

그밖에도 삼우설계는 베트남과 중국 북경에 지사를 설립하여 글로벌 비즈니스 네트워크를 구축하여 활발한 활동을 벌였다. 삼성전자의 공장 프로젝트와 삼성의 북경타워 프로젝트 수행이 주된 일이었으나, 유서 깊은 시안 시내 중심에 상업건축 프로젝트를 수행하는 등 전사적으로 본격적인 해외활동을 해나갔다. 해외설계본부는 연중행사로 하는 전략회의에서 항상 세계지도를 펼쳐 놓고 실제 브라질 리우 올림픽 선수촌 마스터플랜 공모전과 러시아의 체첸까지 설계 의뢰 초청을 받아서 뛰어다니는 등 유랑건축가Vagabond Architect로서 최고의 전성기를 보내고 있었다.

CP그룹 본사 계획안

해외 건축사
대표로서
태국, 중국 활동

눈뜨고 철 들려고 하니
제도권에서 은퇴
태국, 중국으로

2014년은 카타르 왕궁의 계약과 함께 시작되었다. 연건평 일만여 평 규모에 평당 설계비 1백만원으로, 우리나라 건축설계 업계의 금자탑이 아닐 수 없었다. 그러나 회사 내부는 삼성물산 과의 합병을 놓고 어수선한 분위기가 감돌았다. 삼우설계는 삼성그룹의 창업자 이병철 회장의 의지로 세워진 회사로, 반도체산업 등 첨단산업의 연구·생산 시설의 설계 및 건설 관리가 큰 부분을 차지하고, 일반건축 분야에서도 세계 최고를 지향하는 명실상부한 국내 최고의 설계집단이었다. 이 책에서 '왜 잘나가던 회사를 설계회사와 CM회사로 분리하여 설계부문만 삼성물산의 자회사로 인수합병을 하게 되었나?'와 같은 복잡한 방정식에 대해 논하고 싶지 않다. 그러나 하나만은 분명히 밝혀 두고자 한다. 글로벌시장에서 삼성이라는 브랜드의 힘은 상상 이상으로 강하다. 단

기간 내에 최빈국을 벗어나 세계 10위권의 경제대국 반열에 올라선 대한민국에 대한 경외심은 더 이상 새로운 뉴스거리가 아니지만, 발전의 원동력이 되었던 삼성, 현대 등 선두 기업집단에 대해서는 일종의 환상마저도 갖고 있다. 즉, 코리아의 삼성에게 맡기면 기획 단계부터 입주까지 일사천리로 프로젝트를 완성시킬 수 있으리라고 믿는다. 특히 프로젝트가 일개 빌딩의 범주를 넘어서 도시 스케일로 커질수록 더더욱 그랬다.

나는 바로 이러한 점을 높이 평가하여 처음에는 삼우설계와 삼성물산의 합병을 적극적으로 찬성하였다. 그러나 상황은 이상적인 생각과 달리 여러 가지 진통 끝에 자회사로 삼성물산에 인수합병되었다. 시너지 효과의 기대보다는 거대한 힘의 구조 속에 종속되는, 나의 개인적인 견해로는 최악의 결과를 낳고 말았다. 뱁새가 황새의 뜻을 알 수는 없지만, 황새 또한 일개 뱁새로만 알고 있던 설계회사가 글로벌시장에서 쌓아 올린 탑이 얼마나 값어치 있는 것인가에 대한 정당한 평가도 없었다. 2014년 연말, 회사는 큰 변화를 맞게 되고, 전무급 이상의 고위 임원들은 세대교체의 명분으로 모두 사임하게 되었다. 카타르 왕궁 프로젝트에만 4명의 임원이 참여하고 있었는데, 하루아침에 모두 프로젝트를 떠나게 되어 버린 것이다.

카타르로의 마지막 출장을 마치고 나는 곧장 스위스로 훌쩍 떠났다. 아무리 생각해도 이해할 수가 없었고, 내가 이제까지 무슨 일을 하고 돌아다녔는지, 앞으로 무엇을 어떻게 해야 할 것인지 등 도저히 맨정신

스위스 루체른 호수 ©gettyimagesbank

으로 앉아서는 정리되지 않았기 때문이다. 크리스마스를 막 지낸 스
위스의 보석 같은 도시 루체른의 호숫가를 마냥 걸었고, 아름다운 설
경 속을 달리는 경관열차를 타고서 남부 레만 호숫가의 도시 몽트뢰로
Montreux 무작정 갔다. 몽트뢰는 영국의 위대한 록그룹 퀸의 싱어 프레
디 머큐리Freddie Merc가 마지막 생애를 보낸 곳으로 잘 알려진 곳이기
도 하고, 세계적인 재즈 음악회가 매년 열리는 음악의 도시이기도 하였
다. 아직 해가 넘어가지 않은 저녁시간에 레만 호수를 바라보며 포효하
는 듯한 프레디 머큐리의 동상을 찾아갔다. 많은 사람들이 프레디 머큐
리의 음악적인 발자취를 돌아보면서 레만호에 지는 석양과 함께 한 번
쯤은 그가 세상에 외치고 싶었던 그 무엇에 대해 생각해보았을 것이다.
그들은 레만 호숫가의 호텔 내부에 전용 녹음실을 두고서 마지막 앨범
을 발표하였는데, 주제는 'Heaven for Everyone!'이었다. 그는 너무 평

스위스 몽트뢰 레만 호숫가 프레디 머큐리의 동상 ©shutterstock

범한 진리를 쫓다가 불속으로 몸을 던져버렸던 불나방 같은 인생을 평
화스러운 몽트뢰에서 마감하였다. 건축, 미술, 음악 등 모든 예술의 궁
극적인 도달점은 사람들의 평화가 아닐까.

여행의 마지막 도시는 뉴욕이었다. 대학생 때 만난 아내와 결혼하여 얻
은 무남독녀의 딸이 결혼하여 가정을 이루고 살아가고 있는 곳이다. 딸
아이는 의기소침해진 아빠를 위로하기 위하여 수십 가지의 요리가 오
밀조밀하게 나오는 근사한 스페인식 타파 레스토랑에 데리고 갔다. 타
임스퀘어의 빅애플이 카운트다운 되어 내려오는 순간, 나는 브루클
린 아레나에서 가수 엘튼 존 과 함께 'Don't let the Sun go down on
me!"를 외치는 것으로 나의 일시적 방랑을 일단락 지었다.

겨울이 지나고 나니 이제 다시 슬슬 움직여야겠다는 생각이 들었다. 어
차피 지난 수년을 해외로만 다닌 지라, 자연스럽게 해외에서 가능성을

타진해보기로 히였다. 수천 명의 히객들의 축하 속에 화려한 결혼식을 마치고 한창 신혼 생활을 하고 있을 쿤 비 회장에게 연락하였다. 나와 아내가 참석하였던 그녀의 결혼식은 말로만 듣던 화교 재벌의 스케일과 그들의 라이프스타일을 몸소 깨달을 수 있었다. 직접 면담을 요청하여 방콕으로 갔다. 설립한 지 십수 년이 되었지만, 골칫거리가 되어 있는 그룹 내 설계회사를 맡아서 경영하여 글로벌 스탠더드의 정상적인 회사로 만들어달라고 하였다.

2주 후 급히 싸 온 짐을 풀고, 회사에서 제공한 서비스 아파트먼트 침대에 가만히 누웠다. 수십 년 전 미네소타 유학시절 개강 전날 누워있던 날이 떠올랐다. 스스로를 '영원한 방랑자Forever Vagabond'라고 칭하였지만, 인생이 어떻게 흘러가는지 종잡을 수가 없었다. 불과 2주 전만 하더라도 내가 방콕에 와서 일하고 살게 될 줄은 몰랐다.

쿤 비 회장은 방콕의 설계회사 DI Design과 함께 중국 상해에 설립한 PM회사도 같이 봐 줄 것을 부탁하였다. 이국적인 열대나라 방콕은 알려진 대로 관광 대국이었다. 국왕을 진심으로 숭상하는 착한 심성의 국민들이 실타래처럼 복잡한 현세의 생활을 불심으로 극복해나가는 나라였지만, 한편으로는 관광산업의 그늘이라 할 수 있는 과도한 향락산업이 판치는 여러 개의 얼굴을 가진 '천사의 도시'가 방콕이었다.

나는 정신을 바짝 차리지 않을 수 없었다. 챙겨갔던 성경책을 일독하기로 목표를 세웠다. 그리고 수개월 후 평생 차일피일 미루어왔던 목표를 방콕에서 이루었다. 그렇게 시작한 방콕 생활은 일 년 뒤 아내가 애지

중지 키우던 강아지 두 마리를 데리고 합류하여 계속되었다. 결론적으로 방콕에서의 일은 과히 성공적이지는 않았다. 프로젝트의 진행보다는 회사의 경영 정상화를 최우선 과제로 임무를 부여 받았다. 이전에도 몇 명의 외국인 사장이 초빙되어 왔고, 그 뜻을 제대로 이루지 못하고 떠난 상황이었다. 항상 미소로 외국인을 맞이하지만, 비즈니스에 있어서는 쉽게 마음의 문을 열어 주지 않는 태국 특유의 문화가 있다고 생각되었다. 그에 반하여 태국과 일본의 관계는 역사적으로 오래되었다. 일본 회사의 많은 생산 공장이 태국에 있고, 일본인들이 밀집하여 사는 동네는 일본으로 착각할 정도로 친밀하였다.

나는 미국식으로 교육받고 훈련받은 대로 그들의 시스템을 바꿔 보려고 시도하였다. 회사의 조직개편을 통하여 디자인 능력이 우수한 인원들을 선발한 뒤 특별설계팀을 구성하였고, 중국 상해 등지의 그룹 프로젝트에 컨셉안을 제출했다. 그러나 몇 개의 미국 또는 유럽의 설계회사에 의존하는 습관이 몸에 베였는지, 그런 부분들이 그들에게는 이해가 되지 않은 듯하였다. 한 번은 설계 회의를 하다 퇴근시간을 훌쩍 넘기게 되어서 피자를 시켜 먹으며 야근을 하였다. 팀원들도 평소와는 다른 분위기였지만, 나는 분위기를 다잡기 위해 지금은 고통스럽더라도 프로젝트의 좋은 결말을 위하여 지금 이 순간의 어려움을 참고 이겨내자고 힘주어 이야기하였다. 평소 나와 의사소통이 잘 되고, 상해에도 오랫동안 파견 근무를 하였던 부사장이 눈을 크게 뜨고 정색하며 물어볼 것이 있다고 하였다. 정말 궁금해서 여쭈어 보는 것이니 오해 말고 대답하여 주시면 감사하겠다고 운을 띄웠다. 고통을 참아 가면서까지 내가 성취하고자 하는 것이 도대체 무엇인지 궁금하다고 하였다.

살아오면서 처음으로 철학적인 내용의 질문으로 한 대 맞은 듯했다. 그날 그 자리에서는 적당히 넘어 갔지만, 나는 그 질문의 본질이 주는 황당함에 삼십 년 이상 방콕에서 사업을 하시는 선배 한 분께 식사 자리에서 그 대화 내용을 어떻게 생각하냐고 물었다. 그 선배 분은 빙그레 웃으시며 "잘은 몰라도 대부분의 불교신자인 태국인에게, 고통에서의 해탈을 평생 추구하는 신심 깊은 그들에게, 코리아에서 온 미스터 라가 저녁식사까지 사주면서 그들을 고통의 세계로 끌고 가겠다고 하니 화들짝 놀란 것이 아닐까?"라고 답했다.

나는 아직도 그에 대한 정확한 답을 알지 못한다. 그들은 근본적으로 착하고 양순하여 윗사람들에게 다른 의견을 제시하질 못한다. 그러한 그들에게 나는 과감히 자기 의견을 뚜렷이 표현하고 디자인 작업에서도 그렇게 임하여 주길 바랐으나, 뿌리 깊은 문화적 차이를 극복하기가 쉽지 않았다.

매달 한 번씩 상해에 위치한 PM 회사를 매니지먼트 하기 위하여 중국으로 출장을 갔다. CP그룹은 덩샤오핑 주석이 개혁 개방을 선언하고 중국의 문을 세계에 활짝 열었을 때 주저하고 눈치보던 경쟁자들을 제치고 가장 빨리 중국에 투자하여 입성한 외국인 회사등록번호 000⋯001호인 그룹이다. 전통적으로 중국 정부의 수뇌부와의 관계도 깊었고, 중국에서 많은 사업을 벌이고 있는 아시아 화교 재벌의 넘버원이

상해 푸동 루프탑 레스토랑 계획안

다. 중국 여러 곳에서 부동산 개발 프로젝트를 짧은 시간에 많이 벌이고 있었는데, 그만큼 문제 또한 많이 발생하고 있었다. 북경에 새로이 조성하는 BCBD^{Beijing Central Business District}내의 CP타워를 비롯하여 여러 프로젝트에 관여하였으나 뿌리 깊은 인식의 차이를 극복하기에는 역부족이었다.

결국 나는 쿤 비 회장의 깊은 배려와 기대 속에 태국으로 부임하였지만, 근본적인 문제점의 해결을 보지 못하고 태국을 떠났다. 근본적인 문제점의 해결을 위한다는 명분이었지만, 파이낸셜한 이슈 등 민감한 문제들을 너무 깊숙이 건드린 것이, 쿤 비 회장을 둘러싸고 있는 다른 참모들을 많이 자극시킨 것 같다. 아쉬움이 많았지만, 근본적인 갈등이 해결되지 않는 상태에서 계속 그곳에 거주해야 할 이유 또한 없었다. 나는 태국과 중국에 씁쓸한 족적을 남긴 채 2017년 초, 귀국하였다.

어떻게
우리 도시를 아름답게
만들 수 있을까?

달맞이 언덕에서
복기해본
장기판 게임
"그라마 뭘 우째야 하노?"

2018년 말, 나와 아내는 과감히 서울을 떠나 부산 해운대 달맞이 마을로 이사를 왔다. 태국에서 돌아온 뒤 약 2년간 서울에서 주변의 권유로 외국계 PM 회사와 국내 굴지의 설계사에서 고문역할 등으로 활동을 이어갔다. 그러나 마음 속 깊이 근본적인 고민, 나의 인생에 대한 새로운 목표 내지 그 목표설정에 맞는 마스터플랜을 수정할 필요를 느꼈다. 부산은 처가댁이 있어서 지난 수십 년간 자주 방문하던 곳이다. 초고층 아파트가 밀집한 마린시티에 처가댁이 있었으나, 지인들을 통하여 알게 된 달맞이 언덕 동네에 마음이 더 끌렸다. 바다를 향하여 소가 누운 듯한 언덕배기에 구불구불한 언덕길을 올라가면서 형성된, 천혜의 자연 환경을 가진 주거 지역이다. 그러나 매립지 위에 들어선 초고층 아파트들이 인기를 끌게 되면서 약간은 낙후된 달맞이 마을의 부동산 가

격은 상대적으로 많이 낮았다. 투기를 목적으로 하는 사람들로부터 관
심이 멀어졌기 때문이다.

나는 우선 서울, 특히 강남과 서초에서 과감히 벗어나는 도전을 하고
싶었다. 물론 주위의 많은 분들이 강한 우려를 표하였다. 그러나 1993
년 귀국 후 서울에서 살아오는 동안 광란에 가깝게 널뛰는 부동산시장
의 혜택을 충분히 입은 상태이기도 했고, 특히 2년간 태국에 거주하면
서 알게 된 한 일본인 사업가 노신사가 평생 컬렉션 한 동남아시아 유
물들과 공예품들을 많이 인수하게 되었는데, 일단 그것들을 수용하여
편하게 전시할 수 있는, 넓은 공간이 필요하기도 하였다. 그리하여 달
맞이 언덕 위의 빌라에 거처를 마련하고, 바다가 훤히 내려 다 보이는
센텀시티에 개인 스튜디오도 마련하였다.

더 이상 나에게는 큰 의미가 없는, 규모만 대형이지 영혼을 찾을 수 없
는 프로젝트에 나의 귀중한 삶을 소모하고 싶지 않아서 내린 결단이다.
하지만 아무리 봐도 제도권에서 1차 은퇴를 당하고 제2의 인생을 추구
하는 방랑기 많은 건축가에게 과분한 환경이다. 매일 아침 일찍 일어나
서 성경책을 읽고, 해운대에서 송정 해수욕장 방향으로 옛날 동해남부
선을 따라 조성된 산책길 위에서 떠오르는 태양의 모습을 사진에 담는
다. 그리고는 카톡이라는 매체를 통하여 세계에 흩어져 있는 친구들과
아침 소식을 주고받는다. 그러면서 지나온 나의 삶에 대해 장기판을 복
기하듯 되돌아보고, 소나무 숲 속의 자그마한 카페에 앉아서 미래에 관
한 생각을 하게 된다. 결국 나의 주된 관심은 도시 건축이기에 우리나

라와 세계의 미래 도시에 대한 생각에 다다른다.

첫째, 우리나라의 도시 건축, 특히 서울과 부산을 비롯한 주요도시들은 넘쳐나는 욕망으로 헤매고 있는 상황을 벗어나지 못하고 있다. 사람들이 커뮤니티를 이루고 살면서 욕망을 무시해야 한다는 뜻이 전혀 아니다. 건전한 욕망은 반드시 필요하지만, 도를 넘어서 지나치다는 점을 말하고 싶다. 치솟는 토지가는 고성장의 결과라 어쩔 수 없이 고밀도의 개발을 필연적으로 요구한다 하더라도 공공장소, 오픈 스페이스, 도시 미관에 대한 배려가 너무 없이 최대 용적, 최대 이익에만 너무 집착하여 왔다. 문제는 그 욕망에 눈이 어두워 도시생활의 인간적인 면들을 스스로 파괴시키는 것에 둔감하여 진다는 점이나.

생각해보자. 1970년대 본격적으로 강남을 개발하면서 뉴욕의 센트럴파크의 규모는 아니더라도 큼직한 중앙공원을 하나 조성하였더라면, 현재의 삭막한 분위기는 얼마쯤 달라졌을 것이다. 분양 당시의 매출과 이익은 줄어들었을 지도 모르지만 말이다. 스케일에 관계없이 대형 부지가 개발될 때 무조건적으로 최대 용적을 확보하기 위해 시루떡 같이 빡빡한 매스를 고집하지 않고, 잘 조성된 공공장소나 오픈 스페이스가 장기적으로 부동산의 가치를 배가시킨다는 점을 고려할 수 있는 디벨로퍼, 행정당국 그리고 소비자가 되어야 도시는 아름다워질 수 있다.

둘째, 도시를 살아있도록 만드는 것이 무엇인가에 대한 고민이 필요하다. 사람의 근육과 뼈대가 아무리 튼튼하여도 힘차게 요동치는 심장 박동과 온몸의 구석구석에 산소와 영양분을 실어 나르는 혈액 없이는 살아있다고 할 수 없다. 보통 생기를 잃었을 때 핏기가 없다고 표현한다. 도시를 활기 있게 만드는 것은 아름답게 지어진 빌딩만이 아니다. 그 빌딩을 이용하고 오가는 보행자들, 즉 걸어 다니는 사람들의 행위가 서로를 즐겁게 하고 웃음이 넘칠 때 도시는 살아있다고 할 수 있다.

사막 위의 신기루처럼 세워진 두바이가 아무리 요란한 빌딩들과 쇼핑몰로 채워졌다 하더라도, 낡고 오래된 빌딩들이 모여 사람들의 열기를 만들어 내는 뉴욕의 살아있음을 따라가지 못하는 이유가 바로 뉴욕 사람들New Yorker 때문이다. 따라서 도시에 활력을 더하기 위해서는 심장에 해당하는 도심 광장, 그리고 혈액에 해당하는 각종 휴먼 액티비티 Human Activity를 중심에 놓고 도시를 구성해야 한다. 희로애락이 녹여진 골목길이 사람으로 치면 핏줄인 셈이다.

셋째, 한두 사람의 스타가 사람들의 관심을 끌 수는 있을지 몰라도, 도시는 절대로 한 두 사람의 스타로 이루어지지 않는다. 수백 년 된 이탈리아 마을이 여전히 주민들의 삶을 지탱할 수 있는 것은 오랜 세월 동안 주민 모두의 노력이 있었기 때문이다.

힘센 리더가 어느 한 방향으로 사람들을 몰고갈 수는 있다. 그러나 리더가 많은 사람들로 이루어진 공동체의 필요조건을 모두 충족시킬 수는 없다. 따라서 도시의 향기는 오래된 장의 맛처럼 시간의 켜가 쌓일 때 자연스럽게 짙어 지는 것이다. 따라서 그때그때 필요에 의한 노력이 축적되어야 한다. 사회의 모든 계층, 모든 사람들이 함께 업그레이드될 때 좋은 도시 환경이 태어날 수 있다.

결론적으로 이제 더 이상 정량적인 접근만 고집할 섯이 아니라 정성적인 접근으로 문제해결의 실마리를 풀어야 한다. 도시의 용도, 동선, 오픈 스페이스 등 도시를 구성하는 모든 요소를 설계할 때 양적인 요소를 충족하는 방식으로 모든 것을 해결하였다고 할 수 없다.

언제부터인지 우리사회는 양적인 조건을 충족시키는 사람들이 전문가로 대접받아왔다. 최대 용적, 최고 높이를 받아내기 위하여 수단과 방법을 가리지 않는 사람들의 전성시대로, 사회에 끼친 악영향에 대해 무감각하여 부끄러움을 모르고 있다.

물량 위주의 끝없는 확장 만을 계속하는 우리사회 모든 분야의 괴물들, 즉 대형 디벨로퍼, 대형 건설사, 대형 설계사, 대형 엔지니어링사, 대형 금융기관, 대형 법무법인 등은 가치관을 놓고 깊은 성찰을 하여야 한다. 세상은 한 방향으로만 흘러가지 않는다. 큰 생각을 다양한 방향으로 펼치는 대형기관이 되어야 한다. 그들이 갖고 있는 능력과 힘으로 물량의 노예가 되어 계속해서 팽창할 때 그 결과적으로 도시는 천박함과 초라함을 낳는다.

숫자로 표시될 수 없는 감정적 분위기, 음악, 냄새까지도 고려하는 섬세한 노력을 기울일 때 도시는 우리들에게 부드러운 두 팔을 내밀어 편안하게 안아 줄 것이다. 우리의 전통적인 골목들이 그러했고, 그 사이 고목나무가 드리워진 마을의 뜰이 그랬다. 최고의 첨단 기술로 현대적인 건물들을 세우되 빈 공간을 비어 있도록 두는 것이 정답이 아니다. 오히려 우리의 희로애락, 문화, 미래의 비전을 4차원 디지털 기반

부산 해운대 달맞이 고개 산책로

시설Infrastructure에 녹여내어 따뜻한 인간미로 빈 공간을 채우려는 노력을 해야 한다. 그리하여 나의 결론은 '골목이 답'이다.

매일 아침 떠오르는 태양을 보면서, 나는 무엇인지는 확실히 알 수는 없지만 내 인생의 제2장을 어떻게 써 나가야 하겠다는 것을 어렴풋이 짐작하게 된다. 우리의 후손들과 인류의 후손들이 살아갈 아름다운 터전을 위하여 지치지 않고 부지런히 생각하고 기여하는 인생을 기대하여 본다.

글쓰기를 마치면서

골목이 답이다

한일 월드컵 거리 응원의 열기가 채 식지 않았던 2002년 늦은 가을날 오후, 한양대학교 건축학과 설계스튜디오에서 학생들과 디자인 크리틱을 하던 중 낯선 곳에서 전화가 걸려왔다. 모델 에이전시 사무실에서 찾아오겠다는 연락이었다. 그렇게 그해 연말 비씨카드 CF 출연을 하게 되었다.

네 컷짜리 만화 같은 콘티가 팩스로 도착했다. 대학진학을 앞둔 아들을 생각하며 지하철역 앞에서 군고구마를 사는 아버지의 모습을 담은 내용으로, 여배우 김정은의 '부-자 되세요!'를 잇는 메이저 CF의 주연으로 깜짝 출연하게 되었다.

나는 두 가지 조건을 요구했다. 나의 실명이 나오게 해달라는 것과 콘티상 회사원이라는 설정 대신 내가 건축가라는 사실이 드러날 수 있도록 해달라고 말이다. 개인 독립건축가로 막 활동을 하던 때라 나에 대한 간접 홍보 효과를 내심 기대하였다. 하지만 실명 사용 요구만 수락되었다. CF 컨셉은 따뜻한 가장의 이미지(신용카드의 과소비적인 이미지 탈피)인데, 건축가라는 직업 설정은 너무 화려하고 럭셔리한 이미지라는 것이다. 어려운 건축가의 고충과 현실로

항변을 해봐야 소용이 없었다. 우여곡절 끝에 제작된 CF는 그해 크리스마스 직전에 방송을 탔고, 나로서는 생전에 겪어 보지 못한 대중의 관심이라는 것을 경험하였다.

그로부터 수년 뒤 같은 제작팀의 요청으로 당시의 국민 여동생 배우 문근영의 아빠 역으로 GS칼텍스 CF에도 출연하게 되었다. 힘들고 지친 아빠의 퇴근길에 깜짝 나타난 딸이 자동차에 기름을 채우듯 아빠에게도 에너지를 꼴꼴꼴 채워준다는 훈훈한 내용이었다. 이 또한 큰 반향을 일으켰는데 언급한 두 CF 모두 그 내용이 훈훈한 인간미를 바탕으로 한 것이었다. 네 컷 짜리 콘티 안에 모든 스토리와 상황 그리고 핵심주제가 모두 표현되어 있었던 것이다.

"따뜻한 인간미를 추구하는 현대의 도시인들!"

산업혁명 이후 과학 기술의 발전은 인류의 도시 생활의 모든 것을 송두리째 급격히 변화시켜 놓았다. 최근에는 4차 산업혁명 속에 인공지능으로 무장한 로봇들과 인간들 사이에 생존경쟁을 위한 큰 싸움이라도 일어날 것 같은 분위기이다. 인간은 전지전능한 신도 아니고, 완벽하게 무장한 로봇도 아니기에 서로의 모자라는 사람들이 모여서 공동체를 이루며 행복을 추구하는, 지극히 인간적인 인간일 뿐이라고 생각된다. 따라서 모여 사는 인간들의 가장 기본이 되는 집, 동네, 도시, 국가 그리고 세계까지도 그것들의 아름다움과 행복함의 원천은 따뜻한 인간미에 있다고 생각된다. 이러한 의미에서 세계 도시 건축의 미래는 골목에 그 답이 있다고 생각한다. 골목이란 곳이 원래 희로애락이 넘치고 쌓이는 곳이니까.

돌이켜 생각하여 보니 태어나는 순간부터 살아온 매 순간순간이 축복의 연속이고 감사한 마음의 연속이었다. 먼저 나에게 재능을 장착하여 이 세상에 태어나게 하여 주신 부모님께 감사드린다. 그리고 따뜻한 사랑의 경계가 없는 가족들, 바로 이것이 공동체 커뮤니티의 핵심요소이다. 초등학교, 중고등학교, 대학교 그리고 외국에서 다닌 대학원까지 가르침을 주신 스승님들과 알게 된 친구들 모두에게 감사한 마음을 드린다. 학교는 건전하고 건강한 사회를 만드는 원칙을 배우게 되는 곳. 직장생활과 사회생활을 하게 되면서 알게 된 모든 분들께 감사드린다. 특히 나와 도시 건축적인 영감을 공유하며, 디자인으로 표현하고 실현시키는데 힘을 합친 모두에게 감사한다. 그런 의미에서 그들은 모두 동료^{Colleague}다. 이 모든 분들을 앞서서 감사함을 전하고 싶은 사람은 대학 1학년 때 미팅으로 만나 결혼하고, 외동딸을 낳아 아름다운 가정을 이루고 있는 아내와 딸아이 가족들이다. 그들은 나에게 모든 영감의 원천이기도 하다. 글 쓰는 재주가 없어서 매순간 책 쓰기에 주저주저한 나에게 멋있는 편집과 또다른 영혼을 불어넣어 아름다운 책으로 만들어주고 있는 출판사 '비온후'와 그 외 팀들에게도 무한한 감사의 마음을 전한다.

이 책은 더 아름다운 도시 건축을 위한 한 건축가의 외침, 선언^{Manifesto}이다. 도시를 구성하는 모든 사람들과 요소에 한 밀알이 되길 기원한다.

HEAVEN FOR EVERYONE!

추천의 글

손명기
전 삼우설계 사장

건축가 나우천의 다양한 삶, 건축 이야기를 읽었습니다.

건축을 하는 사람이면 누구나, 특히 건축설계를 삶의 목표로 세우고 그 길을 걷는 사람이라면 더욱이, 한번쯤은 고민하고 방황했음직한 과정들이 담겨있습니다. 그리고 항상 부족하다고 생각하면서도 그래도 문제를 해결하고 성과를 이루어 냈을 때의 환희를, 건축가 자신의 다양한 경험을 바탕으로 진술하고 차분하게 이야기하고 있습니다.

때로는 라면으로 점심을 때워도 커피는 카푸치노로 마시는 억지도, 때로는 프로젝트를 따내기 위해 전쟁을 치르는 사람처럼 긴장되었던 상황도, 또 때로는 여러 요인들로 인해서 실현되지 못한 프로젝트들로 아쉬워했던 일들도, 이 모두가 건축가라면 절대 생소하지 않은 우리들의 이야기일 것입니다.

이 책을 읽으면서 건축가들에게 줄 수 있는 주옥 같은 말과 인상 깊게 서술된 부분들을 발췌해보았습니다.

'프로의 세계에서 무엇을 모를 때에 절대 아는 체하지 말고 질문하라'고 재미 건축가 김태수 님이 거친 세상으로 자신의 문하를 떠나는 건축가 나우천에게 주셨던 충고라든지,

'대상물로서의 건축을 넘어서 사람의 행위를 담는 그릇으로 확대되는, 장소 만들기의 행위와 경험'으로의 건축의 개념을 깨우쳐가는 과정이라든지,

'오감이 모두 행복해지는 상황, 그것이 바로 도시건축의 지향점'이라고 스스로 답을 얻어 가는 과정에서 유럽의 골목길을 체험하고자 그 위에 드러눕기도 하는 모습이라든지,

이 모든 것이 절실하게 도시가 살아 있도록 만드는 것이 무엇인지를 고민하는 영원한 방랑자로서 더 아름다운 도시건축을 지향하는 건축가의 외침으로 듣고 느낄 수 있었습니다.

그렇습니다. 건축가 나우천의 건축 이야기는 미완으로, 아직 끝나지 않았습니다. 지금까지 가슴 졸이며 영욕을 그와 함께 해 온 저로서는 K-Pop이 전 세계에 열광적인 것처럼 K-Arch이 세계를 향하여 위력을 떨칠 날이 꼭 오고야 말 것을 확신합니다. 그렇게 다시 한번 새로운 건축 이야기를 더할 날을 기대하면서 추천의 글을 마칩니다.

추천의 글

구자훈
한양대학교 도시대학원 교수

세계 도시건축의 미래는 "골목이 답이다"로 이 책은 시작한다. 자전적 경험을 다룬 책의 서두로서 퍽 인상적인 문구다. 인상적이라고 생각한 첫 번째 이유는 오브제(objet)로 건축을 바라보는 건축가에게서 '도시건축의 미래는 골목에 답이 있다'는 말은 참 듣기 어려운 말이다. 두 번째로 인상적이라 생각한 이유는 대부분의 자전적 경험의 책은 자신의 개인적인 경험과 이야기를 주로 다루던 것에 비해서, 이 책은 '우리에게 도시건축이란 무엇인가?'라는 도시건축에 대한 의미 탐구로 시작해서, '어떻게 우리 도시를 아름답게 만들 수 있을까?'로 마무리되어 있다는 점이다.

나 대표의 '도시건축에 대한 의미 탐구'는 인류의 고향인 '아담과 이브' 이야기로부터 시작해서, 현대 글로벌 도시들의 인상, 그리고 한국 도시에 대한 진단까지 술술 재미있는 이야기로 펼쳐진다. 그래서 책을 펼치는 순간 저자가 이끄는 도시건축에 대한 담론과 재미있는 이야기의 향연에 바로 빠져들게 된다.

이 책의 추천서를 써달라는 요청을 받고, 지방에 갔다가 서울로 올라오는 길에 고속철도안에서 출력본을 두 시간 동안에 처음부터 끝까지 단숨에 일독했다. 그만큼 쉽게 읽히면서도 재미있고, 중간중간 많은 생각을 떠올리게 하는 책이다.

이 책은 크게 몇 개의 시절로 나누어져 있다. 책의 초반은 '도시에 눈을 뜨는 대학시절', '미국에가서 프로 건축가로 성장하는 수련과정'의 이야기가 전개되고, 책의 중반부터는 본격적으로 프로 건축가로 활동하는 '삼우설계에서의 국제적 프로젝트의 참여시절', 'IMF이후 청담동에서 꾸었던 독립건축가의 시절', 그리고 '다시 삼우설계로 돌아와서 펼쳐지는 글로벌 설계시장에서의 활동 시절 등'의 이야기가 전개되다가, 마지막은 다시 '어떻게 우리 도시를 아름답게 만들 수 있을까?'라는 도시건축의 의미탐구로 마무리된다.

초반의 이야기들 중에서 재미있게 읽은 이야기를 짧게 요약하면 다음과 같다. 나는 나 대표와 같은 대학의 건축학과 동창이다. 대학졸업 이후 주로 국내에서 도시전문가로서 살아온 나에게는 나 대표와 같은 시대를, 비슷하지만 아주 다른 분야에서 살아와서 공유할 수도 있는 이야기도 있고, 완전히 다른 세상의 이야기도 있다. 그 중에서도 대학시절의 이야기에는 공감할 수 있는 많은 공통분모가 있다.

나 대표는 대학 시절의 이야기를 그 당시에 유행했던 음악과 함께 펼쳐내고 있다. 사이먼 앤 카펑클의 'April come she will', 유라이어 힙의 'July Morning' 등의 음악을 배경으로 해서, 대학시절 자주 갔던 명동의 '쎄시봉', '쉘부르의 우산', '몽쉘통통', '명동 한일관', '챔피언 다방' 등 빛바랜 흑백 영화에 나올 만한 옛 추억의 장소들이 소환된다. 그리고, 지금은 아련한 기억으로 잊혀졌던 학창시절의 건축학과 은사님들의 이야기로 꿈많던 젊은 대학 시절의 감성을 영화의 한 장면처럼 떠올리게 하듯이 생생하게 펼쳐낸다.

또 재미있게 읽은 시절의 이야기는 나 대표의 '미국에서의 유학 및 수련과정에 관한 이야기'이다. 이 시절의 이야기에서는 전공 책에서 보고 들었던 유명한 사람들과 만나는 재미가 쏠쏠하게 펼쳐진다. 레너드 파커, 에로 사리넨, 랠프 랩슨, 폴 루돌프 등의 유명 교수이면서 유명 건축가였던 사람들과의 이야기와 우리나라에서도 과천의 국립현대미술관으로 유명한 재미 건축가인 김태수 선생님 밑에서의 수련 과정의 이야기에서는 동경했던 선배 건축가와 만나는 재미를 느낄 수 있었다.

그런가 하면 보스턴의 하버드대학과 MIT 캠퍼스에 있는 거장들의 건물 작품, 아이 엠 페이의 '존 핸콕 타워', 퀸시마켓 등의 도시 이야기, 그리고 로버트 레트포드 주연의 '위대한 개츠비'의 촬영 장소였던 뉴포트의 이야기, 영화 '나인 하프 위크'의 배경이 되었던 맨해튼 소호 지역 이야기, 대학원 시절 도시설계 프로젝트의 주요 사례로 소개되었던 '니콜렛 몰' 등 익히 듣고 알고 있었던 건물과 장소를 나 대표의 경험을 통해서 다시 만나는 기쁨을 맛볼 수 있었다. 무엇보다 흥미로운 것은 미국 샌디에이고의 '호턴 플라자', 일본 후쿠오카의 유명 쇼핑몰인 '커낼시티' 등을 설계했던 대규모 쇼핑건물과 쇼핑몰의 세계적인 설계회사인 '존 저디 사무실'에서의 나 대표의 활동과 설계 경험 이야기는 아무나 해 볼 수 없는 새로운 경험을 대리 체험할 수 있는 매우 흥미로운 이야기였다.

그 이후에 펼쳐지는 인생 2막의 프로 건축가로서의 삶의 이야기 즉, '삼성의 신경영의 일환으로 참여한 삼우설계에서의 국제적 프로젝트의 참여 시절', 한국사람이라면 누구도 피해갈 수 없었던 'IMF 이후 청담동에서 꾸었던 독립건축가 시절', 이 시절의 이야기에서는 쉽게 경험해 볼 수 없는 국제적 프로젝트의 진행 과정과 프로젝트의 뒷 얘기를 덤으로 듣는 귀한 이야기가 담겨있다. 그러고 보면 짧다면 짧은 인생에서 한 명의 프로 건축가로서의 삶은 국제적 상황을 배경으로 참 파란만장하게도 전개된 치열한 삶이었다.

책을 읽고 나서 느낀 것 중의 하나는 나 대표가 이야기를 글로 펼쳐나가는 데 천재적 재능이 있다는 것이다. 자기의 자전적 이야기를 누가 이렇게 재미있게 펼쳐 낼 수 있을까? 때론 당시 유행했던 음악을 배경으로 동시대를 살았던 사람들의 옛 기억을 소환해 내기도 하고, 때론 누구나 들으면 알 만한 유명 건축가와 인물을 중심으로 자신의 삶의 이야기를 펼치고, 때론 영화 이야기를 섞어가며 유명 건물과 장소의 이야기를 펼친다. 때론 비밀스러운 카타르 왕궁의 국제적 설계 이야기를 아주 조심스럽게 하다가, 이야기의 말미에는 엘튼 존의 'Don't let the Sun go down on me!'를 외치며 가사의 의미와 함께 이야기를 마무리해내는 영화적 솜씨는 감탄을 자아낸다. 나 대표가 그동안 해왔던 글로벌 도시건축을 종합예술 프로젝트로서 다루며 키웠던 솜씨를 자서전을 쓰면서 손색없이 실력을 발휘한다.

이 책은 동시대를 살았던 사람들에게 일독을 권하고 싶다. 우리가 살아 볼 수 없는 다른 사람의 인생을 영화를 통해서 살아 보듯이, 동시대에 다른 분야와 다른 공간에서 살았던 우리들에게 글로벌 건축가로서 살아보는 새로운 경험을 영화처럼 느껴볼 수 있을 것이다. 그리고 이 책은 건축과 도시를 전공하는 학생들과 건축과 도시를 업(業)으로 살아왔던 사람들에게도 일독을 권하고 싶다. 우리에게 건축이란, 도시란 무엇인가? 한 발 더 나아가 우리에게 도시건축이란 무엇인가? 어떻게 해야 우리 도시를 아름다운 도시로 만들 수 있을까? 우리는 건축과 도시를 전공하면서 또는 업(業)으로 먹고 살면서, 무엇을 생각하고 살고 있는가? 무엇을 붙잡고 있고, 무엇을 놓치고 있는가? 등을 생각해 볼 수 있는 흥미로운 책이다.